网络与新媒体系列教材

总主编 周茂君

新媒体

Web 技术基础

何明贵 冯先诚 刘 莉 编著

西南大学出版社
SWUP 国家一级出版社 全国百佳图书出版单位

图书在版编目(CIP)数据

新媒体Web技术基础 / 何明贵, 冯先诚, 刘莉编著
. — 重庆: 西南大学出版社, 2022.7
网络与新媒体系列教材
ISBN 978-7-5697-1409-8

Ⅰ.①新… Ⅱ.①何… ②冯… ③刘… Ⅲ.①网页制
作工具—程序设计—教材 Ⅳ.①TP393.092.2

中国版本图书馆CIP数据核字(2022)第079945号

新媒体 Web 技术基础

XINMEITI Web JISHU JICHU

何明贵　　冯先诚　　刘　莉　编著

责任编辑	李　君
责任校对	张　昊
装帧设计	魏显锋　汤　立
排　　版	杜霖森
出版发行	西南大学出版社
地　　址	重庆市北碚区天生路2号
邮　　编	400715
经　　销	全国新华书店
印　　刷	重庆俊蒲印务有限公司
幅面尺寸	185 mm×260 mm
印　　张	19.25
字　　数	377千字
版　　次	2022年7月　第1版
印　　次	2022年7月　第1次印刷
书　　号	ISBN 978-7-5697-1409-8
定　　价	53.00元

丛书编委会

总主编:周茂君

副主编:洪杰文　李明海

编　委:(按姓氏笔画为序)

马二伟　　王　琼　　王红缨　　王杨丽　　王朝阳

方　堃　　归伟夏　　代玉梅　　延怡冉　　刘明秀

阮　卫　　李明海　　杨　嫚　　何明贵　　张　玲

张琳琳　　林　婕　　金　鑫　　周丽玲　　周茂君

洪杰文

策　划:杨　毅　　李远毅　　杨景罡　　钟小族　　鲁　艺

本书资源

序 言

  媒介技术的发展将我们带到了一个众声喧哗、瞬息万变的新媒体时代。面对这个由媒介构建的全新世界，人们的思想观念、生活方式乃至行为举止都在发生着急剧的改变；既为其所迷醉，乐此不疲，又常常感到不知所措和无所适从。新媒体到底是什么？新媒体时代到来又意味着什么？人们如何正确处理好与新媒体的关系？这些问题看似简单，却又真真切切地摆在人们面前，需要我们去面对，去解决。因此，科学地认知、理解和运用新媒体在当下显得尤为重要。

  人类社会发展的每一阶段都会有一些新型的媒体出现，它们都会给人们的社会生活带来巨大的改变。这种改变在今天这个新媒体时代表现得尤其明显：受众这一角色转变成了"网众"或"用户"，成了传播的主动参与者，而非此前的被动信息接收者；传播过程不再是单向的，而是双向互动的；传播模式的核心在于数字化和互动性。这一系列改变的背后是网络技术、数字技术和移动通信技术的发展，并由此衍生出多种新媒体形态——以网络媒体、互动性电视媒体、移动媒体为代表的新兴媒体和以楼宇电视、车载移动电视等为代表的户外新型媒体。

  由周茂君教授主编的这套网络与新媒体系列教材，就是在移动互联、数字营销、大数据和社会化网络等热点问题层出不穷的背景下，沿着技术、传播、运营和管理的逻辑，对

1

新媒体进行的梳理和把握。从技术层面上看，新媒体是用网络技术、数字技术和移动通信技术搭建起来，进行信息传递与接收的信息交流平台，包括固定终端与移动终端。它具备以新技术为载体、以互动性为核心、以平台化为特色、以人性化为导向等基本特征。从传播层面看，新媒体从四个方面改变着传统媒体固有的传播定位与流程，即传播参与者由过去的受众变成了网众，传播内容由过去的组织生产变成了用户生产，传播过程由过去的一对多传播变成了病毒式扩散传播，传播效果由过去能预期目标变成了无法预估的未知数。这种改变从某种程度上可以说是颠覆性的，传统的"5W""魔弹论"和"受众"等经典理论已经成为明日黄花。从运营层面看，在技术构筑的新媒体平台之上，各类新媒体开展着各种运营活动。从管理层面看，新媒体管理主要从三个方面着手，即新媒体的政府规制、新媒体伦理和新媒体用户的媒介素养。这样，政府规制对新媒体形成一种外在规范，新媒体伦理从内在方面对从业者形成约束，而媒介素养则对新媒体用户提出要求。

这套网络与新媒体系列教材既有对新媒体的发展轨迹和运行规律的理论归纳，又有对新媒体运营实务的探讨，还有对大量鲜活新媒体案例的点评，切实做到了理论与实务结合、操作与案例相佐，展现出教材作者良好的学术旨趣与功力。希望以这套教材为起点，国内涌现出更多的高质量研究著作和教材，早日迎来网络与新媒体教育、研究的新时代。

是为序。

罗以澄

2022 年 8 月

（罗以澄，全国应用新闻传播学研究会名誉会长、湖北省新闻传播教育学会名誉会长，曾任国务院学位委员会新闻传播学科评议组成员、中国新闻教育学会副会长、中国传播学会副会长。）

前　言

关于网络与新媒体，从概念到特征，有各种不一样的看法与表述。其实，网络与新媒体是对网络媒体、数字媒体和移动媒体的总称，是指采用网络技术、数字技术和移动通信技术等新技术进行信息传递与接收的信息交流平台，包括固定终端与移动终端。新技术、互动性、平台化、数据和算法，是解读网络与新媒体时代的重要关键词。

以新技术为引领，是指网络与新媒体的运营以新技术为基础。新技术的应用与普及，不仅为网络与新媒体的诞生提供了技术支持，同时也为其运营提供了信息载体，使得信息能以超时空、融媒体、高保真的形式传播出去。可以说，网络与新媒体的所有特征，均建立在新技术提供的技术可能性的基础之上。

互动性是网络与新媒体的本质特征。传统媒体时代信息的流动都是单向的，而网络与新媒体却突破了这一局限。它从根本上改变了信息的传播模式，也从根本上改变了传者与受众之间的关系。传播参与者以一个相对平等的地位进行信息交流，媒体以往的告知功能演变为如今的互动沟通。这种沟通不仅体现在媒体与用户之间，还体现在用户与用户之间。可以说，网络与新媒体的这一特征，不仅对传统媒体，而且对整个社会都产生了深远的影响。

平台化是网络与新媒体的主要特色。借助信息交换平台，传统媒体与新媒体逐渐走向融合——网络与新媒体以

1

其包容性的技术优势,接纳与汇聚了传统媒体的媒介属性;而报刊、广播、电视等传统媒体则在适应新的媒体环境,与新技术形式相互渗透、融合之后,获得了二次发展。

数据,是网络与新媒体时代最重要的生产要素,是新媒体平台和传统媒体平台开展业务运营的基础性前提。平台运营的基础是基于用户数据的大数据挖掘与分析,有了数据的加持,媒体平台无论用户运营,还是内容运营,抑或是活动运营,才会做到有的放矢、精准无比。

算法推送是网络与新媒体时代同传统媒体时代的重要分野。传统媒体不管受众是谁、有什么实际需求,往往习惯于居高临下的"自说自话",极易造成"鸡对鸭说"的无奈结果;而网络与新媒体平台则采用人工智能技术,基于算法、算力、运算法则和大数据,早早将目标用户"锁定",针对其新需求和隐性需求,选妥内容并适时推送。

修订、重新编写这套网络与新媒体系列教材,出于三方面的考虑:

其一,修订、重编教材要跟上网络与新媒体专业发展的步伐。20世纪90年代末国内只有少数几家"先知先觉"的新闻传播院校在新闻学系开办"网络新闻方向"或者"网络传播方向",一般将它命名为"传播学专业"。其特征一是没有"准生证",二是专业(方向)定位模糊,这种状况直到2012年教育部将该专业列入高等学校本科招生目录才有所改观。到2022年,已有307家院校招收网络与新媒体专业的本科生[1],其专业教育已从初创时的"涓涓细流"汇聚成现在的"大江大河"。因此,相关教材的修订、重编必须跟上并适应这种发展态势。

其二,修订、重编教材要顺应网络与新媒体专业渐次规范的潮流。一个专业从无到有,无疑是"草创";其课程设置与专业定位皆无先例可循,也与"草创"无异;该专业创办以后,国内缺少成套教材,各院校只能选用在市场上销售的散本新媒体书籍作为教材供学生使用,同样是"草创"。因此,出版于2016年的9本"新媒体系列丛书"——《新媒体概论》《新媒体技术》《新媒体运营》《新媒体营销》《全媒体新闻报道》《网络视频拍摄与制作》《Web技术原理与应用》《新媒体内容生产与编辑》《新媒体广告》——虽也是"草创"产物,但对缓解当时的教材"荒",帮助该专业走向规范是

---

[1] 依照教育部指定高考信息发布平台统计,我国目前开办网络与新媒体专业本科教育的院校已达307所。

有贡献的。在此基础上,武汉大学新闻与传播学院课题组,在开展"基于一流课程的教学改革与实践研究"专项重点课题时[2],对国内54家院校网络与新媒体专业本科人才培养方案进行内容分析,以3434门专业课程为样本,按照开设频率和代表性,整合出16门专业核心课程,并在此基础上拟定16本专业教材——《网络与新媒体概论》《数字媒体技术》《融合新闻报道》《新媒体内容生产与编辑》《新媒体Web技术基础》《短视频拍摄与制作》《新媒体运营》《新媒体营销》《新媒体产品策划》《数据新闻:理论与方法》《新媒体数据分析》《数字媒介视觉设计》《新媒体广告教程》《新媒体伦理与法规》《计算传播学:理论与应用》《新媒介经营管理案例解析》——借此促进专业的课程设置和目标定位。当然,上述16本教材要涵盖该专业所有核心课程无疑是困难的,但却向着规范道路又跨出了坚实一步。

其三,修订、重编教材要与知识更新迭代同步。网络与新媒体时代是一个变革的时代——传播技术在变,传播业态在变,媒体格局在变,人们的观念在变——变革是永恒的主题,它无处不在。与此相应,知识的更新迭代同样迅猛。因此,修订、重编教材既要关注业界的最新动态,又要汲取学界的前沿研究成果,这样才能与知识更新迭代同步,始终立于时代前列。

修订、重新编写本套教材希望达到如下目标:

1.在指导思想上,本套教材着眼于网络与新媒体时代合格的应用型人才培养,适应人才培养逐步由知识型向能力型转变的需要。这是编写本套教材的基本方针,也是编写的基础和前提。

2.本套教材将"技术""内容生产""数据""运营""产品"五个层面作为着力点,将网络技术、数字技术、移动通信技术和人工智能技术等发展带来的各种新媒体形态作为主要研究对象,勾画出从传统媒体到融合媒体、从传统新闻到数据新闻、从传统营销到数字营销和从传统广告到数字广告的发展线索,落脚点和编写重点在网络与新媒体的理论与实践。教材内容既要相互关联,又要厘清彼此间的边界而不至于重复。

3.本套教材瞄准高等学校网络与新媒体专业或相关专业的专业主干课,因而

---

[2] 中国高等教育学会2020年度"基于一流课程的教学改革与实践研究"专项重点课题"新闻传播学本科专业核心课程体系构建研究"(JXD05)。

教材的编写内容,除了具备普通高等学校在校本科生、研究生必须掌握的新媒体传播、运营实务的基本知识和技能外,还必须具备开阔的思路和国际化的视野,有利于完善学生的知识结构,有利于培养其适应时代需要的新媒体内容生产、新媒体产品策划、短视频拍摄与制作、新媒体数据挖掘、新媒体运营和新媒体营销等方面的能力,保证其毕业后能胜任相关工作。

4.本套教材既关注理论前沿问题,又将基本理论、实际应用和案例点评相结合,展现出独具的特色:

其一,基本理论部分。围绕网络与新媒体相关理论,只作概括性的叙述,不进行全面性的阐述,对其基本原理,力争深入浅出,易学易懂。

其二,实际应用部分。网络与新媒体基本理论的实际应用是本套教材的写作重点。无论技术层面,还是内容生产层面,抑或是数据、运营、产品层面,注重实际应用将贯穿于每本书的编写之中。

其三,案例点评部分。每本书的大部分章节都要求安排与本章内容相关联的案例点评,点评的篇幅可短可长,从数十字到数百字均可,用具体的案例点评,来回应前面的基本理论和实际应用。

5.本套教材在编写过程中尽力做到有思想、有创见、有全新体系,观点新颖,持论公允,整体风格力求简洁、明了、畅达,并在此基础上使行文生动、活泼、风趣。

"理想很丰满,现实很骨感。"上述目标在编写过程中是否实现了,还有待学界和业界学者、专家以及广大读者的检验与评判,为此我们祈盼着!

在本套教材付梓之际,需要感谢和铭记的人很多。首先要感谢武汉大学新闻与传播学院的老院长罗以澄先生,他不仅为本套教材的编写提出了许多建设性意见,还亲自撰写了序言,老一辈学者对年轻后辈的爱护与提携之情溢于言表。其次要感谢本套教材的所有作者,时间紧,任务重,至少有7本教材需要"另起炉灶",其间的艰辛与困苦可想而知。最后要感谢西南大学出版社的杨毅先生、李远毅先生、杨景罡先生、钟小族先生和鲁艺女士等,是你们的辛勤付出和宽大包容才使本套教材得以顺利面世,感激之情无以言表。

周茂君 于武昌珞珈山

2022年8月

4

目录
CONTENTS

目录
CONTENTS

第一章　Web概述

知识目标

　　☆ 互联网是由采用TCP/IP协议相连的计算机及其他设备组成的全球性网络，WWW是互联网中的一种重要应用，其传输协议为HTTP协议。

　　☆ Web结构由浏览器、服务器、HTML、URL等部分组成。

　　☆ HTML是描述页面信息的语言，由一系列不同功能的标记组成，每个标记又包含一系列的属性来指定该标记特性。

能力目标

1.会使用浏览器的开发者工具进行页面调试。

2.会使用Visual Studio Code之类的开发者工具进行网页代码编辑。

3.能够搭建与网站运行环境相似的Web开发环境。

思维导图

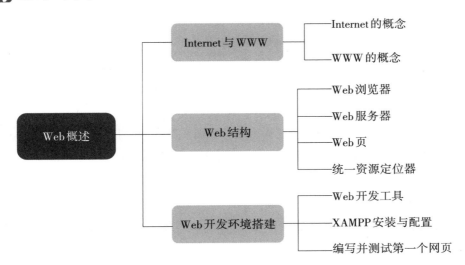

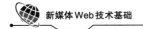

第一节　Internet与WWW

Internet也称为因特网或者国际互联网,或简称为互联网。互联网作为一个基础信息网络平台,提供了多种多样的网络服务,每种网络服务都具有特殊的功能,例如电子邮件(Email)用于收发电子邮件、文件传输协议(FTP, File Transfer Protocol)用于计算机之间传送文件的协议、WWW(万维网,World Wide Web)用于网页信息浏览等。

一、Internet的概念

在我们使用计算机时,可能会打开即时通讯软件与朋友进行沟通,也可能打开网站浏览新闻。或者登录学术期刊网站查找需要的信息,登录购物网站购买自己喜爱的商品,也可以用手机去完成相似的工作,甚至可以用电视机顶盒登录到视频网站播放视频等,这一切都归功于互联网平台。今天我们生活的方方面面已经离不开互联网了。

所谓Internet指的是许多设备采用TCP/IP协议连接起来的全球范围内的网络。这些设备多种多样,从传统的桌面计算机到网站服务器,从手机到平板电脑等。Internet也是连接各种子网络的网络,将分布在全球各地的各种商业的、学术科研的、政府的等各种子网连接起来。随着互联网的不断发展,将会有越来越多的设备和子网连接到Internet中。

(一)什么是TCP/IP

为了让具有不同软硬件特性的设备、子网间能相互传递信息,这些设备与子网需要遵循相同的传输规则,这就是所谓的计算机协议(Protocol),不同的协议完成信息传递的不同功能。互联网的核心协议则为TCP/IP(Transmission Control Protocol and the Internet Protocol)协议。TCP/IP,既指互联网协议族中的两个核心协议,也指一个网络模型,即TCP/IP模型。TCP/IP模型由DARPA(Defense Advanced Research Projects Agency,美国国防部高级研究计划局)开发,因此也称为DARPA模型。

在TCP/IP模型中,从传输功能逻辑上划分为四个层次,即网络接口层(Link layer)、网络互连层(Internet layer)、传输层(Transport layer)、应用层(Application layer)。在主机内部需要发送数据时,应用层数据会被逐级转换为更低层数据,直到最底层的物理信号,然后被传输出去;接收数据时会将网络接口层的低层信号逐级转换为高层数据,直到转换为应用层相关数据,被各种应用程序所调用。所有接入互联网的主机间,从逻辑上看每一层都建立起了相互对应的连接。从表1-1中可以看到模型中每一层都包含了一系列协议。

表 1-1 TCP/IP模型

TCP/IP模型	对应网络协议
应用层	TFTP, FTP, NFS, SMTP, DNS, Telnet, SNMP, WAIS, Gopher, Rlogin……
传输层	TCP, UDP
网络互连层	IP, ICMP, ARP, RARP, AKP, UUCP
网络接口层	FDDI, Ethernet, Arpanet, PDN, SLIP, PPP, IEEE 802.1A, IEEE 802.2—IEEE 802.11……

需要注意的是,除了DARPA提出的TCP/IP模型以外,还有一些其他组织机构提出了用计算机网络传输模型来实现不同数据传输功能,其中一个标准化的网络模型被称为开放系统互联(OSI, Open System Interconnection)参考模型。该模型包含了七个层次:物理层、数据链接层、网络层、传输层、会话层、表示层、应用层。OSI参考模型与TCP/IP模型中的相应层次具有一定的对应关系,例如OSI模型的物理层、数据链路层对应于TCP/IP模型的网络接口层,OSI模型会话层、表示层、应用层对应于TCP/IP模型的应用层等等。

(二)网络接口层

网络接口层处于互联网协议的最底层,该层实现了主机间的物理和数据链路的建立。物理连接包含了网卡及其驱动软件。不同形式传输媒介所需要的网卡有所区别,常用的有基于双绞线的以太网卡、基于无线的Wi-Fi网卡、基于移动网络的网卡等,通过驱动软件与操作系统交互数据。所谓驱动软件是安装在操作系统上的控制程序,也可以是芯片中被称为固件(Firmware)的控制程序。这些软件可实现数据链接功能,例如添加报文头,然后将数据以帧(Frame)的形式发送出去,接收数据时则进行相反的操作。

(三)网络互连层

网络互连层主要负责设备定位以及在不同的设备和子网中找到合适的传输路径(即路由,Route)。每台设备(也叫作主机,Host)在互联网中都会被分配一个特定的地址编号,这就是IP地址,此外设备中还包含数据传输路径选择的路由表。如图1-1所示,主机A中的文档或其他信息按IP协议被拆分为不同的IP数据包,每个IP数据包通过互联网上不同主机节点一直传送到主机B,主机B将这些IP数据包重新组合得到相应文档或信息。由于主机节点中路由表规则不同、网络环境不同,每个数据包到达对方的路径可能是不同的。

3

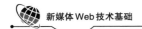

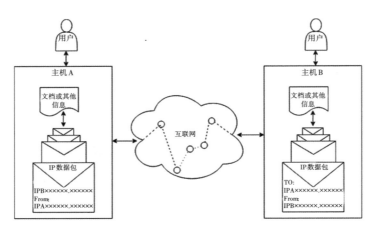

图1-1　IP数据传输示意图

　　每个IP数据包都包含了目的主机的IP地址和发送主机的IP地址。IP地址在IP协议中起着关键作用,否则主机节点无法知道数据发送的目的地,也无法选择合适的路径来传送数据。IP地址最初由32位二进制数据来表示,即IPv4。随着接入互联网设备越来越多,IPv4地址资源消耗殆尽,于是开发出了新的IP版本,即IPv6。IPv6由128位二进制组成,大大扩充了接入互联网设备的数量。但由于各类软、硬件兼容问题,IPv6当前还未全面使用。

(四)传输层

　　TCP层建立在IP层之上,处于IP层和应用层之间,在不同主机之间建立起一个终端到终端的数据交换通道。其上的应用层可以直接使用TCP进行数据传输,TCP层将数据再交给更低层的IP层去完成IP数据包的拆分、路由选择等任务。

　　TCP层提供了两种形式的数据传输形式:一种是面向连接的传输形式,提供可靠的字节流传输来保证数据完整、无损并且按顺序到达对方,这就是TCP协议;另外一种是无连接的传输形式,这种传输形式并不检查数据包到达对方的可靠性,也不保证按顺序到达对方,这就是UDP协议(User Datagram Protocol,用户数据报传输协议)。两种传输形式各有其优缺点,TCP传输稳定可靠,但速度会因为多次握手应答而变慢;而UDP传输不需要这些时序等待,速度会更快,但稳定性无法保证。上层应用程序可以根据传输数据的不同特点来选择合适的传输方式。例如浏览网页需要有稳定的数据传输链接,因此需要采用TCP协议;而即时通信之类的软件需要更快的传输速度,可以采用UDP协议。

（五）应用层

应用层处于最高层,直接支持应用程序。不同应用程序通过调用应用层协议实现与对方主机对应应用的数据通信,从而实现不同的应用服务功能。应用程序会根据对数据的不同性能需求采用TCP或者UDP传输协议进行数据传输。

TCP协议要支持主机上多个应用同时运行,而每台主机通常只有一个IP地址,其底层拆分的数据包在传输过程中目的地址是唯一的,不同的应用需要共享同一个IP地址,因此需要对不同应用的数据包进行区分,这就出现了端口(Port)的概念。IP地址后跟上不同的端口就可以在一台主机上实现多个应用同时传输数据了。每种应用层协议都对应一个端口,例如HTTP协议默认对应80端口,FTP协议默认对应20、21端口等。表1-2列举了一些常用应用层协议。

表　1-2　常用应用层协议

名称	端口号	全称	主要功能
HTTP	80	Hypertext Transfer Protocol,超文本传输协议	主要用于普通浏览。
HTTPS	443	Hypertext Transfer Protocol over Secure Socket Layer, or HTTP over SSL,安全超文本传输协议	HTTP协议的安全版本。
FTP	20,21	File Transfer Protocol,文件传输协议	由名知义,用于文件传输。需要用到两个端口号,一个用于控制,另一个用于传输。
POP3	110	Post Office Protocol, version 3	邮局协议,收电子邮件用。
SMTP	25	Simple Mail Transfer Protocol,简单邮件传输协议	用于发送电子邮件。
TELNET	23	Teletype over the Network,网络电传	通过一个终端(terminal)登录到网络。
SSH	22	Secure Shell,用于替代安全性差的TELNET	用于加密安全登录用。
ECHO	7	Echo Protocol,回绕协议	用于查错及测量应答时间(运行在TCP和UDP协议上)。
DHCP	68	Dynamic Host Configuration Protocol,动态主机配置协议	动态配置IP地址(运行在UDP协议上)。

二、WWW(万维网)的概念

WWW是World Wide Web的缩写,翻译为万维网,即世界范围内的网络,是互联网中的一种重要应用。

WWW 诞生于 1989 年,由欧洲核物理研究中心(CERN, the European Organization for Nuclear Research)的英国物理学家 Tim Berners-Lee 发明,最初是为了用于全球大学和科研机构间信息共享而设计与开发的。图 1-2 所示为 1989 年 3 月 Tim Berners- Lee 的建议文档中的插图[①],是 WWW 结构的雏形。1994 年 10 月 Tim Berners-Lee 在麻省理工学院计算机科学实验室(MIT/LCS)成立了万维网联盟 W3C(World Wide Web Consortium, http://www.w3.org/),也称为 W3C 理事会,今天众多万维网相关标准都由该联盟发布。

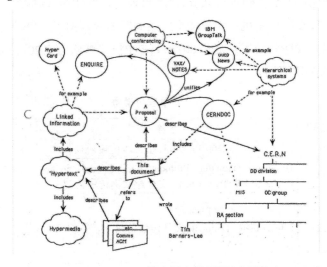

图 1-2　Tim　Berners-Lee 的建议文档插图(本图来自 CERN)

万维网采用超文本(Hypertext)语言进行信息描述,采用超文本传输协议(HTTP, Hypertext Transfer Protocol)进行信息传输。

超文本的意思是在每个网页文档中除了包含普通文本、图像等信息外,还包含了链接到其他文档的信息,即超链接(Hyperlink)。通过超链接可以很方便地从一个网页跳转到其他网页,从而实现信息的有效管理以及快速浏览。

HTTP 协议是一个客户端和服务器端进行请求和应答的标准,采用面向链接的数据传输模式(即 TCP)进行数据传输。客户端通常是 Web 浏览器或其他工具,也称为用户代理程序(User Agent),服务器端通常为 Web 服务器程序,如 IIS(Internet Information Server)或 Apache HTTPD 等。一个典型的浏览过程是:由客户端发起一个请求(Request),建立一个到服务器指定端口(默认为 80)的 TCP 链接。服务器通过该端口不断监听客户端请求,一旦接收到请求,服务器端就会向客户端做出响应(Response),并返回请

[①] 关于万维网的历史,可以从 http://info.cern.ch/hypertext/WWW/History.html 获取更多信息。

求结果,包括状态和文档内容等。客户端接收到数据后显示出来。

我们可以通过浏览器提供的网页调试开发工具对HTTP协议交互过程进行监测,例如在Microsoft Edge浏览器中提供了"开发人员工具"。在Microsoft Edge浏览器中选择菜单"更多工具"→"开发人员工具",或者按F12键,打开该调试工具。在该工具窗口中点击"网络"标签,然后打开一个网页链接,则可以看到网络传输信息。如图1-3所示,在右侧可以查看该链接所包含链接、协议、方法、状态、内容类型、大小等传输信息,点击列表中的一个链接,则在"标头"中可以查看请求(Request)和响应(Response)等信息。该工具还可以进行页面布局、CSS样式表、JavaScript代码等调试。

为了提高网页传输的安全性,防止传播过程中被三方节点获取信息,万维网还可以采用HTTP协议的加密版本HTTPS协议来传输。其基本原理是服务器端和客户端在传输数据前,双方先约定一个密钥,并用此密钥加密解密数据。这样中间节点即使获取了数据,也是无法查看到明文的,只有用约定的密钥才可以解密这些内容。通常银行网站、网络支付等安全性较高的网络应用都采用HTTPS协议进行数据传输。

图1-3　用Microsoft　Edge的开发人员工具查看网络传输过程

7

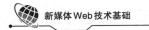

第二节　Web结构

　　万维网采用的结构属于客户服务器结构,即C/S(Client/Server)结构。服务器上存放着数据,服务器一直处于等待请求的状态。客户端通过相应程序向服务器端请求数据,从服务器端获取到数据后进行显示。由于万维网客户端程序通常为浏览器(Browser),所以万维网结构也被称为B/S(Browser/Server)结构,即浏览器/服务器结构。

一、Web浏览器

　　浏览器是Web结构的客户端程序,主要功能是通过HTTP协议从服务器获取网页内容,并对网页进行渲染显示。如图1-4所示,浏览器将网页代码渲染成可视化页面进行浏览。由于WWW服务使用广泛,浏览器成了当前计算机、智能硬件系统不可或缺的应用软件。

　　第一个浏览器程序被称为World Wide Web,由Tim Berners-Lee于1990年开发,于1993年向公众发布,运行在NeXT计算机上。此后,各种浏览器软件如雨后春笋般出现,当前一些主要的浏览器包括:

　　● Microsoft Edge浏览器。Microsoft Edge浏览器前身为Internet Explorer浏览器,简称IE或者MSIE,由Microsoft开发,第一个版本出现于1995年。从Windows 95开始Internet Explorer成为Windows系列操作系统的默认浏览器软件。由于Windows桌面操作系统的占有率高,因此Internet Explorer也具有很高的市场占有率,在2002年和2003年甚至达到了95%[①],Internet Explorer的最后一个版本为Internet Explorer 11。此外,还有一些以Internet Explorer浏览器软件为内核开发的浏览器软件。这些虽然在界面、操作方式等方面有一些变化,但其核心渲染功能是与Internet Explorer相同的。从Windows 10开始,Windows系统默认安装了一个全新的浏览器Microsoft Edge。Microsoft Edge浏览器基于Chromium开源项目进行开发,因此其核心渲染功能与马上要讲的Google Chrome浏览器是相似的,甚至一些插件可以通用。

　　● Mozilla Firefox浏览器。Mozilla Firefox浏览器简称Firefox浏览器,是一个开源浏览器软件,可以运行在Windows、OS X以及Linux等多种操作系统上,也有手机等移动智能终端设备的版本,如Android版Firefox浏览器。其渲染网页内核被称为Gecko,对网页

---

① Technology. Microsoft′s Internet Explorer losing browser share〔J/OL〕. CNN, 2010〔2015-12-04〕. http://www.bbc.com/news/10095730.

标准有较好支持。

●Google Chrome浏览器。Chrome为Google公司开发,是一个自由软件,最早出现于2008年。该浏览器出现后,由于其JavaScript运行速度较快、对网页标准有较好的支持等原因,市场占有率快速增长,成为当前主流浏览器之一。

●Safari浏览器。Safari浏览器由苹果公司开发,有OS X版本和iOS操作系统等版本,第一个版本出现于2003年,从Mac OS X 10.3开始成为OS X操作系统的默认浏览器。近年来由于运行iOS操作系统的iPhone智能手机的流行,该浏览器的市场占有率也得到了大幅提高。

图1-4　浏览器将网页代码渲染为可视化页面

了解浏览器现状对于网页设计与制作有重要意义。由于网页标准是由W3C联盟发布的,而各浏览器软件在采用这些标准进行网页渲染时,并不能完全实现这些标准,因此各浏览器效果也难以完全一致,这就是浏览器对网页渲染的兼容性问题。在进行Web开发时,要尽量保持网页对各主流浏览器有较好支持。

二、Web服务器

我们从软件和硬件两个方面来讨论Web服务器:

从软件角度看,Web服务器是指用于对Web浏览器请求做出响应的程序,该软件支持HTTP协议。Web服务器接收到客户端请求后,从服务器上获取相应资源,如网页、图片、视频、数据库内容等,然后返回给客户端。Web服务器软件有很多,根据不同的性能

需求有不同规模的 Web 服务器软件。流行的 Web 服务器软件包括 Apache HTTPD，Internet Information Server 等。除了 Web 服务器软件外，服务器操作系统也具有与个人计算机不同的地方。常用的服务器操作系统有 Windows 服务器版、Linux、Unix 等，这些操作系统具有更大的内存支持、更好的网络协议支持等。

从硬件的角度看，Web 服务器是一台特殊的计算机，与常用的个人计算机不同的是，Web 服务器有较快的运行速度、较大的磁盘空间、较快的网络接入速度，并能长时间稳定运行。为了能承受大量用户的访问，单个服务器硬件可能无法胜任，此时会采用分布式结构，将多台性能普通的服务器通过软硬件连接形成性能强大的服务器集群，以满足高访问量需求，但从客户端来看，感觉只是一台服务器在提供服务。

要将网站服务器接入互联网，主要方式有专线接入、主机托管、主机共享、空间租用等，近年来随着虚拟技术的发展，还出现了虚拟专用服务器等方式。

大型网站需要建立自己的信息中心，将 Web 服务器放置于信息中心，包含有自己的服务器硬件、软件，以及通信公司的专线网络接入，我们把这种 Web 服务器网络接入方式称为专线接入。为了保证服务器软硬件正常运行，信息中心对电力稳定、环境温度、湿度、防尘等都有较高要求，还需要维护人员等，运营成本较高。

主机托管的接入方式是指自己购买、配置服务器软硬件，但将主机放置于商业化的信息中心机房，这样可以降低网络接入、机房环境控制、维护人员等成本费用。

主机共享与空间租用方式则从服务器软件、硬件到机房运行完全由服务商提供，只需要支付租金，然后自己将网站数据上传到远程服务器即可。

近年来，出现了一些新的服务提供形式：虚拟专用服务器（VPS, Virtual Private Server）、云服务等。虚拟专用服务器原理是将强大的计算机服务器通过虚拟技术虚拟成多个具有独立功能的计算机，然后分别租用给不同用户。虚拟专用服务器与主机共享不同的是前者具有更强的独立操作能力，例如可以自行安装独立的服务器软件。云服务则比 VPS 提供了更为强大的开发、运行、维护平台，通过背后强大的集群服务器硬件支持以及模块化应用支持，可以保证大规模、高性能网站运行，如阿里云（http://www.aliyun.com/）、腾讯云（https://cloud.tencent.com/）等。

我们在进行 Web 开发时，需要安装相应的 Web 服务器软件，搭建起与最终运行相似的开发环境，以便更好地进行开发与测试。

三、Web 页

Web 页是我们用浏览器浏览网站时的页面，它由 HTML（Hypertext Markup Language，

超文本标记语言）编写而成，经浏览器渲染成可视化页面以便阅读。HTML由一系列标记组成，这些标记可以实现页面内容描述。HTML由Tim Berners-Lee及其同事Daniel W. Connolly于1990年创立。

静态Web页以HTML文件形式放置于服务器上，客户端请求时按原样读取并返回给浏览器。而动态Web页是由服务器端程序形式放置于服务器上，客户端请求时Web服务器执行这些程序，创建一个HTML代码页面，然后返回给客户端。也就是说动态Web页的每一次访问都由服务器执行程序生成一个临时静态HTML网页。由于各种Web服务器的差异，对服务器端程序语言的支持也是有差别的，一些常用的服务器端程序语言包括JSP（Java Server Page）、PHP（PHP: Hypertext Preprocessor）、.Net等。

在网页制作过程中，为了减小网络代码编写工作强度、提高效率等，需要借用网页制作工具来辅助实现，例如Adobe Dreamweaver就是一个非常流行的网页制作软件。

一个网站由多个相互链接的Web页共同组成，这些Web页在逻辑上可以视为一个整体。而网站主页是其中一个特殊页面，它是网站开始的索引页面，其中包含了指向其他页面的超链接。通常主页名称前缀固定为index，根据采用的服务器端动态语言不同，可能为index.html、index.htm、index.php、index.asp等。

四、统一资源定位器

Web页以及Web页所需要的所有资源，如图片等，都放置在接入互联网的Web服务器上。而互联网上的服务器有千千万万台，因此必须有一种资源定位机制，客户端才可以访问到这些资源，实现这一功能的规则就是统一资源定位器URL（Uniform Recourse Locator）。一个完整的URL包含1个H（How）和3个W（Who、Where、What），基本组成如下：

How://Who/Where/What

例如URL http://www.whu.edu.cn/xygk/xxjj.htm 的各部分组成如表1-3中所示。

表 1-3 URL组成

How	Who	Where	What
http	www.whu.edu.cn	/xygk/	xxjj.htm

在URL中，How指明了网络协议，由于WWW协议是HTTP，因此通常Web URL都是http开头，但也可以是其他协议，如"https""ftp"等，其后跟随分隔符号":// "。作为一个特

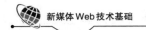

例，当访问的文件是本地资源而非远程Web服务器资源时，How则为"file:///"，其后会紧跟一个本地文件路径，如"file:///D:/www/test/index.html"。

Who指定存储网络资源计算机，可以基于IP地址，更多的是基于主机+域名的形式。例如表1-3中"www"为主机，"whu.edu.cn"为域名。在一个域名下可以有多台主机，分别完成不同的任务，如Web服务、Email服务等，"www"主机通常是提供Web服务的主机名称。如果Web服务没有运行在标准端口80上，则还需要加上端口号，如"xxx.xxx.xxx：8080"。

Where与What共同指明的路径和名称。Where路径可以很长，有很多级；也可能很短，只有一个斜杠"/"。该路径会与服务器操作系统上的某个目录具有对应关系，这需要通过Web服务器的相应配置来实现。需要注意的是，Web服务器可以为每个目录设置一个默认索引文件，当URL地址中没有指定名称时，Web服务器会试着在该目录下查找默认索引文件。这个索引文件名通常为index.html或者index.htm等，以index为前缀。

第三节　Web开发环境搭建

为了提高效率以及安全性等，在进行Web开发时，通常需要在本地局域网环境或者本机搭建起一个与服务器相似的Web开发环境，当完成网站开发后，再将相应资源上传到远端服务器。搭建一个开发Web开发环境主要包括Web服务器的安装、选定并配置好开发调试工具等。如果需要用数据库来保存数据则还需要安装数据库服务器。这里代码编辑器、FTP传输软件、Web服务器我们分别选用Visual Studio Code、FileZilla、XAMPP为例进行介绍。

一、Web开发工具

要进行Web开发，需要先熟悉一些工具。通常需要文本编辑软件来完成代码编写、配置文件编辑等，需要FTP软件来完成本地网页上传到远程服务器，需要图片处理、声音编辑、视频编辑、动画制作等多媒体制作软件来完成网页中的图片、声音、视频、动画的制作与编辑。多媒体制作软件已经超出本书范围，这里不作介绍。

（一）用 Visual Studio Code 进行代码编辑

代码编辑功能可以使用功能强大的可视化编辑软件来完成,如 Adobe Dreamweaver,也可以用集成开发环境(IDE,Integrated Development Environment)来完成。但这些系统通常比较庞大、臃肿,很多功能并不常用。

Visual Studio Code 是一款轻量级的代码编辑器,支持多种计算机语言和多种操作系统,还可以通过功能强大的插件系统进行功能扩展,非常适合进行 Web 开发。

由于 Web 页是基于文本的,因此用文本编辑器即可进行 Web 开发。但为了提高效率,一般选用专门的代码编辑器。代码编辑器除了普通的文本编辑功能外,通常还具有以下功能:

●代码高亮:根据代码语言文档中不同部分用不同颜色显示,这有助于阅读、发现错误。

●各种编码格式转换:如 GB2312 转换为 UTF-8,以及 Unix 格式转换为 Windows 格式等。

●代码自动补齐:输入部分关键字、函数、标记等则自动完成剩余部分,可以大大提高代码输入速度。

●支持 FTP 协议:可以直接编辑远程服务器上的文件,在快速更改远程文件时非常方便。Visual Studio Code 可以通过 SFTP 插件来实现这一功能。当有大量文件,特别是有二进制文件要传输时,应选用专业的文件传输软件,如 FileZilla 等。

Visual Studio Code 作为一个优秀的代码编辑器,包括了以上所有功能,此外还可以进行编码转换、列编辑以及强大的插件扩展功能。其运行界面如图 1-5 所示。可以访问其官方网站(https://code.visualstudio.com/)下载并安装 Visual Studio Code,熟悉其代码编辑功能。可以通过其官方网站提供的文档来掌握其操作方法。

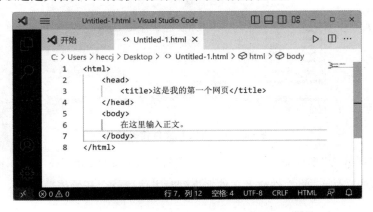

图 1-5 使用 Visual Studio Code 进行代码编辑

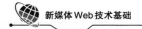

（二）用FileZilla进行文件传输

当在本地模拟环境中完成了网站开发后,我们需要将本地文件传输到远程服务器中,以开始正式运行。根据远程服务器提供商的不同,可能有不同的传输方式,但通常本地文件与远程服务器之间的传输是通过FTP软件来完成的。在申请空间时会得到相应的主机地址、用户名、密码等,有了这些参数后就可以得用FTP来传输文件了。这里我们以FileZilla为例进行讲解。

FileZilla[①]是一款优秀的开源FTP软件,能方便上传与下载文件,同时还具有很好跨平台特性,包含了Windows、Linux、Mac OS X等版本。

首先访问其官方网站,找到下载链接下载其安装文件,下载时注意选择与自己操作系统相对应的版本。

下载完毕并运行安装程序,按提示完成安装。安装完毕后运行FileZilla软件,得到如图1-6所示的窗口界面。在窗口顶端的主机、用户名、密码中分别输入远程服务器的相应参数,然后点"快速连接"即可以登录到远程服务器上。对于要经常访问的服务器,也可以单击菜单"文件"→"站点管理",在弹出的站点管理中新建站点,输入相关参数并保存。这样以后就可以点击左上角的"站点管理"图标 来快速访问网站,而不需要再次输入相关参数了。

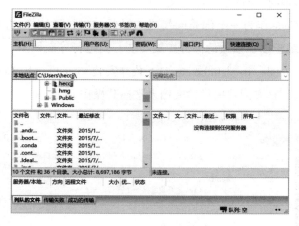

图1-6　　FileZilla文件传输软件

窗口中部分为"本地站点"和"远程站点"左右两个部分,分别在本地和远程浏览到要相互传送的文件夹,将文件或者文件夹拖到对方位置就会开始传送了。

---

① FileZilla官方网站为 https://filezilla-project.org/。

二、XAMPP安装与配置

网站服务器由一系列不同功能的软件共同完成网站服务功能,包括Web服务器、数据库服务器、服务器端动态脚本程序等。在生产环境中,每种功能软件都需要根据实际应用情况分别安装与配置,以保证网站安全高效运行。在开发环境中,对性能及安全要求并不是太高,为了便捷安装,通常选用快速安装软件包来搭建。XAMPP(https://www.apachefriends.org)就是一个这样的软件包。XAMPP中的X表示支持Windows、Linux、OS X等多个操作系统,AMPP表示Apache + MySQL + PHP + Perl,它包含了Web服务器软件Apache HTTPD、数据库服务器软件MySQL,并且支持服务器端脚本语言PHP、Perl等。

(一)下载XAMPP

访问网站https://www.apachefriends.org,右上角可以选择自己熟悉的网站语言,如果正常运行的话,网站也会识别出并显示与本地操作系统相同的语言,如图1-7中所示。在首页中找到下载链接"XAMPP for Windows",单击该链接开始下载安装程序,也可以单击"下载"链接,然后在列表中选择需要的特殊版本。

图1-7　XAMPP首页

下载完毕得到安装程序,如"xampp-windows-x64-7.4.27-2-VC15-installer.exe"[①],双击该安装文件开始安装,按照提示完成安装。注意在选择安装路径时设置合适的安装目录,通常为某驱动器根目录下的xampp子目录,如"D:\xampp"。本书后面提到的XAMPP安装目录即为此目录。在安装时可以只选择必要的软件,如Apache、MySQl、PHP、phpMyAdmin等。

---

① 下载的不同版本会得到不同文件名。在首页会放置当前最新版本,有时因为兼容性问题需要下载较旧版本,可以单击"下载(点击这里获得其他版本)"得到所需要版本。

(二)运行XAMPP

安装完毕,默认会启动XAMPP控制面板,也可以手动运行XAMPP安装目录下的"xampp-control.exe"来启动该控制面板。控制面板如图1-8所示,在其中可以控制各种服务程序的启动、停止,如Web服务器Apache、数据库服务器MySQL等。

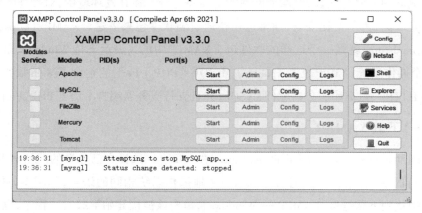

图1-8 XAMPP控制面板

单击Apache后的"Start"按钮来启动Apache Web服务器。如果一切正常,Windows防火墙会提示是否允许访问,点击"允许访问",此时Apache会变成绿色背景,表示启动成功,如图1-9所示。Web服务器开始监听80端口和443端口,提供Web服务。如果不能正常启动,可以在XAMPP控制面板底部的日志中查看原因,通常是因为相应服务器端口被其他程序占用。也可以点击"Netstat"按钮来查看系统运行的各程序都占用了哪些端口,停止相应程序后再启动Apache即可。

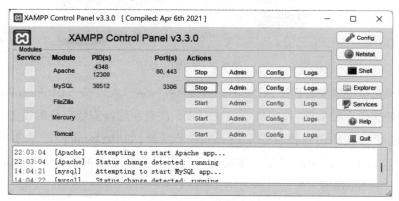

图1-9 相关服务正常运行的状态

　　服务器正常启动后，可以打开浏览器，然后在其中输入"http://localhost"①来查看Web服务页面。在打开的页面中选择自己的语言，然后就进入XAMPP提供的默认欢迎页面，如图1-10所示。

图1-10　XAMPP欢迎页面

　　在资源管理器中找到xampp安装目录下的"\htdocs\"子目录，看到其中有很多网页文件。该目录即为XAMPP的默认网页目录。将需要的网页放置到该目录下即可以在浏览器中输入相应路径浏览。如XAMPP安装目录下的文件"\htdocs\abc\d.html"在浏览器中需要输入的地址为"http://localhost/abc/d.html"。

　　我们在创建一个新网站时，通常的做法并不是在XAMPP默认目录下建立文件，而是将网页文件放在其他目录中，然后在XAMPP中配置一个新的虚拟站点。这样做可以更好地保证各个链接的正常访问，也便于管理网页文件。

（三）在XAMPP中配置虚拟站点

　　XAMPP默认安装已经完成了大多数配置，但当新开始开发一个站点时，需要指定站点目录。在XAMPP中提供了虚拟主机的配置方式，可以方便搭建一个独立Web服务器。

　　在资源管理器中进入安装目录下的"\apache\conf\extra"子目录，用文本编辑器打开其中的文件"httpd-vhosts.conf"，在文档末尾添加以下代码来新建一个虚拟站点：

```
Listen 8080
<VirtualHost *:8080>
    DocumentRoot D:\www\test


    <Directory "D:\www\test">
```

---

① Localhost是一个特殊域名，表示本机，其IP地址为127.0.0.1。

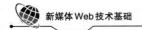

```
        AllowOverride All
        #Order allow, deny
        #Allow from all
        Require all granted
    </Directory>
</VirtualHost>
```

Listen 指定该虚拟服务器运行在哪个端口上,本例设置为 8080。其后的 VirtualHost 指定该虚拟服务器的详细信息,其端口必须与 Listen 后的端口一致,DocumentRoot 指定该虚拟服务器根目录对应于服务器本地哪个目录(本例为 D:\www\test,可以根据需要适当更改),Directory 则指定了远程用户可以访问该目录的权限,目录名称要与自己网站根目录一致。注意其中的"Require all granted",在低版本 Apache HTTPD 中则应为"Order allow, deny""Allow from all"两行。

设置完毕,保存配置文件,需要重新启动 Apache HTTPD 服务器以使配置生效。重启方法为在 XAMPP 控制面板中单击"Apache"后的"Stop"按钮,再单击"Start"按钮。如果正常,可以看到 Apache 服务后面多了一个 8080 监听端口,这样我们就在 8080 端口上建立起了一个新的虚拟服务器。如果出错,可以检查配置文件,并保证 8080 端口未被其他虚拟服务器或者应用程序占用。

浏览非标准端口网站时,需要在 IP 或者域名后添加端口号,例如在浏览上面的虚拟服务器内容时,需要在浏览器中输入"http://localhost:8080"或者"http://127.0.0.1:8080"。

三、编写并测试第一个网页

准备好了代码编辑工具,并且搭建好了开发环境,现在我们可以来编写并测试第一个网页了。

1.启动 Visual Studio Code 软件并新建一个文件,点击菜单"文件"→"保存",选取保存类型为 HTML,然后将该文件保存为"D:\www\test\index.html"(注意保存路径要与前面 XAMPP 中配置的根目录一致),如图 1-11 所示。由于该文件名后缀为"html",编辑器会按 HTML 语言进行语法高亮、代码自动完成。

2.点击窗口底部当前编码按钮→"通过编码保存"→"UTF-8",该文档会以 UTF-8 编码进行编辑。这样的设置配合 HTML 文件中的"<META>"元素同样设置为 UTF-8 可以避免网页中出现乱码。

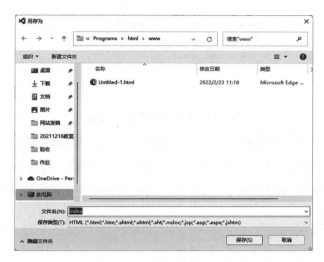

图1-11 保有网页文件

3.设定好工作环境后,输入以下代码。注意在输入标记时,起始标记和结束标记要一起输入,然后在起始和结束标记间插入其他内容,以防漏掉结束标记:

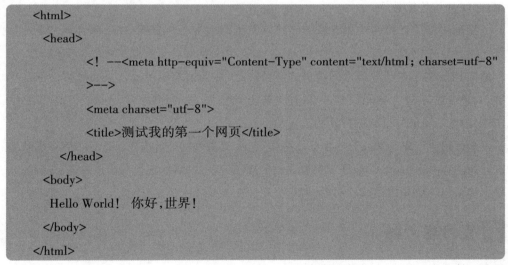

```
<html>
  <head>
        <! --<meta http-equiv="Content-Type" content="text/html; charset=utf-8"
        >-->
        <meta charset="utf-8">
        <title>测试我的第一个网页</title>
    </head>
  <body>
    Hello World! 你好,世界!
  </body>
</html>
```

4.将文件保存为"D:\www\test\index.html"。注意,保存路径要与前面XAMPP中配置的根目录一致。

5.在浏览器中浏览地址"http://localhost:8080/index.html"(如果没有配置前面的XAMPP环境配置,也可以在文件夹中双击文件来浏览),看到网页内容,如图1-12所示。

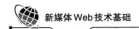

图 1-12 第一个网页运行效果

注意,代码中第2行和第3行是为了让浏览器选择正确的编码来显示网页,该编码必须与文件的保存编码格式一致,本例中为UTF-8,如果不一致则会导致乱码。第2行和第3行只需要启用一行即可。前者为html5之前的语法,后者为html5中的语法,后者更为精简。

知识回顾

本章首先讲述了互联网的概念,互联网通过TCP/IP协议实现了各种设备间信息传输。TCP/IP协议将数据传输分为了四层:网络接口层、网络互连层、传输层以及应用层,每一种互联网应用采用相应的应用层传输协议。万维网是应用层的一种重要应用,采用HTTP协议传输数据。

接着讲述了万维网的概念及其结构。万维网由Web浏览器、Web服务器、Web页、统一资源定位器等组成,几个部分协同工作实现了Web页面信息的传输以及呈现。用户通过浏览器可以获取万维网提供的海量信息,这些信息以可视化页面呈现出来。本书后面的内容即主要围绕Web页面的开发与实现,Web页面实现的基本语言包括HTML、CSS、JavaScript等进行介绍。

最后讲述了进行Web开发的环境搭建,包括Web开发工具选择以及Web服务器软件安装等。Visual Studio Code是一款非常适用Web开发的软件,包含了代码高亮、代码辅助输入等功能。XAMPP是多个软件的集合,可以在本地快速安装配置好Web服务器环境。

复习思考题

1.什么是互联网,什么是万维网,二者是什么关系?

2.什么是端口? 列举常用的互联网应用端口。

3.Web结构由哪些部分组成?

4.一个合适的网页代码编辑器通常有哪些功能?

5.什么是XAMPP,其作用是什么?

6.你使用过什么样的互联网应用? 请举例说明。

第二章　HTML基础

知识目标

☆ HTML是网页描述语言，它由元素、属性等组成，浏览器将基于文本的HTML文档渲染为可视页面。

☆ 掌握HTML中的字符参考用法和颜色表示方法。

☆ 掌握HTML中的文本描述元素包括P、BR、Hn等。

☆ 掌握HTML中的图像、链接、表格、表单等内容的描述方法。

☆ 掌握HTML中的其他重要元素的用法。

能力目标

1.会使用网页代码编辑器编辑HTML代码，并用浏览器进行调试。

2.会实现基本的图文页面。

3.会使用表格、列表进行数据展示。

4.会使用表单、框架实现需要的网页功能。

 思维导图

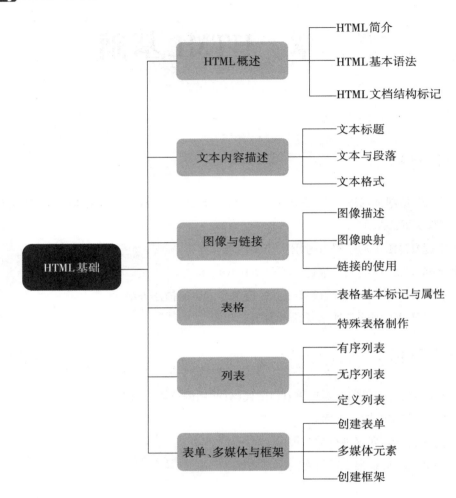

第一节 HTML概述

一、HTML简介

HTML[①]（Hypertext Markup Language）即超文本标记语言，用于描述网页内容。HTML最初由CERN（European Organization for Nuclear Research，欧洲粒子物理研究所）的Tim Berners-Lee提出，随着NCSA（National Center for Supercomputer Applications，美国国家超级计算机应用中心）开发的Mosaic浏览器渲染为可视化页面显示而流行起来。

HTML是SGML（Standard Generalized Markup Language，标准化通用标记语言）的子集。SGML的基本思想是用一系列指定的标记来描述各类信息，它是基于文本格式的，方便对文件进行编辑，也便于在不同系统间交换信息。HTML发明人借用了SGML的基本思想，规定了一系列用于页面描述的标记。由于HTML文件是基于文本的，因此不能直接存放二进制内容，网页中的图片、声音、视频、动画以及其他辅助文件通常以资源的形式链接到文件中。当浏览器显示一个HTML文件时，会同时去下载其所需要的资源文件，然后渲染成一个图文并茂的多媒体页面。

对HTML的编辑可以用文本编辑器完成，但需要编写者对HTML标记及属性较为熟悉。当网页复杂到一定程度，例如有大量不规则表格，或者与复杂样式表配合定位时，由于代码编辑器中不能直观看到最终浏览效果，文本编辑器显得力不从心。这时可以借用所见即所得（或者称可视化）设计软件来完成，例如Adobe Dreamweaver[②]是一款非常流行的网页制作软件。一些主流的文字排版软件也具有HTML格式导出功能，例如Office Word可以直接将Word文档转换为HTML文件。当然这些所见即所得的软件生成的HTML是软件自动转换的，其HTML代码并不是最优的，需要手工对其代码进行适当编辑处理。因此学好HTML语言是进行网页编辑与制作的基础，对一些常见的HTML标记、属性应当熟练掌握。

比起语法严格的计算机程序设计语言，HTML作为一种页面描述语言，其语法是非常松散的，这对万维网的广泛普及起了一定推动作用，因为这样松散的语言大大降低了页面编写的门槛，可以使得大量信息以Web页面形式呈现在互联网上。HTML自1990

---

① HTML标准可以从地址https://www.w3.org/html/获取。

② Dreamweaver官方网站地址为https://www.adobe.com/cn/products/dreamweaver.html。

年问世到4.1版,每一版本都会加入少量新的标记,或者去除一些标记,更新一些标记的用法等。由于版本的不断变化,而网页制作者不能及时更新大量已存在的网页,使得互联网中的网页出现各种HTML版本并存的情况,这给浏览器对这些网页兼容显示带来了麻烦,同时也给诸如搜索引擎之类的网页信息处理系统带来了困难。

随着HTML标准版本的升级,HTML不仅仅是增强了图文版本功能,还引入了语义、样式、行为等概念,将内容、样式以及行为进行分离,通过JavaScript脚本语言来增强客户端的动态交互等功能。配合客户端动态脚本语言,让网页具有了桌面应用程序的部分功能。随着Google Docs以及Microsoft Office 365等一批网络办公软件的出现,让传统意义的Web网页转变成了移动桌面应用。

2015年5月,HTML的最新版本HTML 5正式发布,让HTML的发展进入了一个新的阶段。HTML 5与HTML 1-4系列版本有非常大的区别,HTML5.0标准的发起者并不是W3C官方,而是一系列业界的重要企业。原本W3C对下一代HTML标准指定的发展方向是XHTML,希望发展一个格式非常严格的语法,以期对网页内容进行很好地规范化,因此推出了XHTML 1标准。由于XHTML语法较为严格,会提高网页编写的门槛,因此XHTML并没得到广大网页制作者广泛使用。与此同时,以Opera(Opera浏览器开发者)和Mozilla(Firefox浏览器开发者)为代表的浏览器厂商在游说W3C要让XHTML更易于开发者使用失败后,与Apple等公司一起组成了WHATWG联盟(Web Hypertext Application Technology Working Group),该联盟力推HTML的发展应以尽量兼容旧版本作为基本发展方向。直至2007年,W3C解散了XHTML 2.0标准开发小组,转而支持WHATWG的HTML 5。

二、HTML基本语法

简单来讲,HTML主要由元素(Element)和属性(Attribute)组成。元素用于描述网页中的对象,例如一段文本、一张图片等。而其属性用于描述该对象的特征,例如文本的颜色、字体大小等,不同的标记可以包含有不同的属性。

(一)元素与标记

每个元素(Element)代表一个文档结构或者内容,每个元素通常由3个部分组成:开始标记(Start Tag)、内容、结束标记(End Tag)。开始标记和结束标记都用一对尖括号"<>"括起来,要注意标记中所有符号都为半角。开始标记写为:

```
<element-name>
```

结束标记的写法为：

</element-name>

结束标记比开始标记多了一个斜杠。

例如：

<h1>这是一级标题</h1>

其中，元素各部分如表 2-1 所示。

表2-1　元素各部分意义

开始标记	内容	结束标记
<h1>	这是一级标题	</h1>

元素中的内容也可以是由一个或多个元素组成，从而形成嵌套元素。但嵌套元素间的开始标记和结束标记不能出现交叉，即必须先结束内层元素再结束外层元素。

例如：

　　<h1>这是一级标题</h1>

　　<p>这是正文内容。

一些元素可以没有结束标记，例如上例中的<p>表示段落，它遇到下一个标记则自动结束，因此可以不写结束标记</p>。还有少数元素没有内容，例如换行元素 br 就没有内容，在需要换行的地方添加"
"即可。

在 HTML 4 中约有 90 个元素，涵盖了文档结构、文本、列表、表格、超链接、图像、对象、表单等方面。元素名称大多是英语单词的简写，也有的是全称，因此在学习的时候可以与其英语单词结合起来记忆。例如<p>为 paragraph 的首字母，是段落的意思；<font>为 font 的全称，是字体的意思。标记的写法可以不区分大小写，但在书写中为了便于阅读，标记通常全部用小写字母。

(二)标记属性

每个元素的起始标记可以包含指定的属性及其属性值，用于指定该元素某方面的特征。属性与属性值之间用"="连接，属性值需要用引号引起来。一个标记中可以有多个属性、属性值对，每对之间用空格分隔，每对之间并无先后顺序。其基本语法为：

<element-name attribute1="value1" attribute2="value2" …>

注意等于号、引号、空格都为半角符号，最后的"…"表示可以有多个属性。例如：

```
<h1 id="section1" align="center">第一部分内容</h1>
```

该例中 h1 为一级标题,id 属性指定了该标题的 ID 为"section1",align 属性指定该标题以居中对齐方式显示。

在 HTML 4 中大约有 120 个属性,但并不是每个标记都可以使用所有的属性。有的标记包含多个属性,有的标记只有少数几个属性。例如 id 属性可以用到大多数标记中,用于给网页中的元素指定唯一标识。在用 JavaScript 进行操作的时候可以通过该 id 号来确定操作的对象。再如 background 属性则只能用于<body>标记,以设定网页背景图。

每种属性的取值也是由属性类型规定了的,有的可以自由取值,有的只能在指定的范围内选择。例如通常用于左右对齐的 align 属性可选值为:left、center、justify、right 之一。而 id 属性由于是指定标识号,只要是符合名称规范即可:以字母开头,由字母、中划线、下划线、点号等组成。

有时为了实现特殊功能,与自己编写的样式表或 JavaScript 程序相配合,还可以编写自定义的属性、属性值,这些属性及其值并不会默认被浏览器识别,但可以被自己编写的样式表或 JavaScript 程序识别。

(三)注释

为了增强 HTML 代码的可维护性、提高代码的可读性,特别是为了便于与他人合作,需要在网页中加入适当的注释。注释也可以用于在调试网页时,临时屏蔽某部分代码的功能。

注释通过一个特殊的标记来实现,语法如下:

```
<!--注释内容-->
```

"<!"两个符号之间不可用空格分隔,"--"表示注释内容开始和结束,注释内容中可以有空格、回车,但注释中不能包含"--",因为这样表示注释已经结束,从而标记符号错乱。如果在注释中需要包含"--",则可以使用 HTML 实体,也就是用特殊符号来代替,后面会讲 HTML 实体。

需要注意的是,虽然注释不会出现在浏览器渲染后的网页中,但可以通过浏览器的查看源代码看到。因此,一些保密性信息不宜写到注释中。

(四)HTML 字符参考

由于 HTML 标记、属性语法中用到了一些特殊符号,如"<"">"""等,如果在元素的内容中出现这些符号则会导致 HTML 文档结构被破坏,页面出现混乱;还有一些特殊符号在某些文本代码中难以直接输入,例如无法用键盘直接输入版权符号"©"。为了能方便表示这些符号,在HTML中采用了一种特殊符号组合来表示,这就是字符参考。例如用"©"来表示"©"。实体字符的组成为由"&"开始,到";"结束的一串字符组合。

HTML中的参考字符有两种形式:

●基于数字(Numeric)的字符参考。语法为"&#D;"或者"&#H;",D 为一个十进制数,H 为一个十六进制数。数字值与ISO10646字符集(Universal Multiple-Octet Coded Character Set,UCS)中的编码相对应。例如"å"和"&#E5;"都表示字符"å";再如"&6C34;"表示汉字"水"。基于数字的字符参考编码可以通过Windows操作系统提供的"字符映射表"来查询,查询得到的是十六进制形式。

●基于实体(Entity)的字符参考。虽然基于数字代码的字符参考可以表示 ISO 10646中的所有字符,但由于字符代码难以记忆,因此在我们经常采用另外一种表示形式,即基于实体的字符参考,它采用一个特殊的英语名称来代替数字。例如"<"表示"<","lt"是 less than 的意思;">"表示">","gt"是 greater than 的意思。

一些常用的字符实体符号我们需要记住:

表2-2 常用字符参考

字符	说明	实体字符参考	助记英语单词	数字字符参考
<	小于号	&lt;	Less than	&#60;
>	大于号	&gt;	Greater than	&#62;
"	引号	&quot;	Quotes	&#34;
	半角空格		No-break space	
&	And 符号	&amp;	Ampersand	&#38;
©	版权所有	&copy;	Copyright	&#169;
®	注册商标	&reg;	Registered	&#174;
™	商标	&trade;	Trade mark	&#8482;
¥	元符号	&yen;	Yen	&#165;

(五)HTML中颜色与长度表示

在网页中需要设置各标记的背景、边框、字体等内容的颜色,我们通过color属性来实现,color属性的取值需要用到颜色的表示方法。在网页中有两种表示颜色的方法:基于颜色名的表示方法和基于RGB颜色分量的表示方法。

颜色名的方法即采用英语名称来表示颜色,如用red表示红色。由于无法对所有的颜色用英语命名,并且太多的颜色也难以记忆,因此颜色名方法一般只用于常见颜色。

27

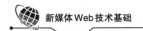

RGB颜色分量方法的基本语法为#RRGGBB。该方法借用了sRGB(standard color space,R-red,G-Green,B-Blue)标准颜色空间模型,即每种颜色都是由红、绿、蓝3种成分叠加得到的。十六进制数00表示无该颜色成分,十六制数FF(等于十进制255)表示该颜色成分达到最高,用这种方法可以表示的颜色为256*256*256=16,777,216种。当然,由于互联网上显示设备差异等原因,在网页中并不能完全正确显示这些颜色。为了保险起见,选出约140种颜色作为Web使用颜色,这些颜色被称为Web标准色或者Web安全色。表2-3列举了16种基本色的颜色名和颜色值对应关系。

表2-3　16种基本色颜色名和颜色值对应关系

Black = #000000	Green = #008000
Silver = #C0C0C0	Lime = #00FF00
Gray = #808080	Olive = #808000
White = #FFFFFF	Yellow = #FFFF00
Maroon = #800000	Navy = #000080
Red = #FF0000	Blue = #0000FF
Purple = #800080	Teal = #008080
Fuchsia = #FF00FF	Aqua = #00FFFF

例如颜色Aqua,其RGB形式中R为0,即没有红色分成;G和B成分都为FF,即最高。因此该颜色由全绿和全蓝叠加得到,为青色。

下例中通过指定颜色名或者颜色值方法改变网页背景色:

```
<body bgcolor="Olive">
```

或者

```
<body bgcolor="#808000">
```

以上二者效果完全一样。注意用RGB方式时需要有"#"引导后面的十六进制数。

在设计与制作网页时,要能熟练组合出自己熟悉的颜色,这需要对RGB颜色空间有一定的理解。Photoshop等图像设计软件为了更方便进行Web设计,也在较高版本中开始支持Web颜色。另外,在第三章中讲解的样式表中也基本采用这种颜色表达方式。

接下来我们来看HTML中的长度单位。在HTML中主要有两种表示长度的单位:基于像素值和基于百分比。前者为一个十进制整数,是网页中某对象的宽或高的固定像素值。这种方法在不同浏览器窗口大小浏览时会带来一定的问题,当窗口放大或者缩小时,该对象内容不会发生变化。但如果周围内容与该对象的相对大小会发生变化,从而导致版面布局会发生较大变化。如图2-1中所示,当窗口大小改变时,以像素表示的表格没有变化,但周围的文本内容宽度发生了变化,使得表格居中的版面发生了变化。

而百分比方法表示该对象占据其容器宽度的比例，因此当容器大小改变时，该对象宽度也会发生变化，所占比例不变，使得版面布局得以保持。在使用中可以根据需要选择其中之一的表示方法。

图2-1　从像素表示的对象大小固定

例如：

```
<table width="80%" border="1">
  <tr><td width="150">学号</td><td>姓名</td><td>性别</td></tr>
</table>
```

该例中表格整体宽度是变动的，占据其容器的80%，但第一列宽度固定为150个像素。这样保证了学号能正常显示，而其他列的宽度会附着容器的变化而变化。

三、HTML文档结构标记

除了在浏览器窗口中显示的文本外，还有一些用于全局设置的信息，例如标题、样式表等。HTML文档有固定的文档结构，一个HTML文档由3个部分组成：

● HTML文档类型声明。说明HTML的文档版本、使用语言等，其标记为<!DOCTYPE>。

● 用HEAD元素引导的头部。在头部中会放置标题、文档编码等元信息，以及样式表、JavaScript代码等。除了标题会在浏览器窗口标题栏显示外，其他信息并不会在网页中显示，只是用于指明网页的基本信息。

● 用BODY元素引导的文档正文。所有需要在浏览器页面窗口中显示的信息都放置于BODY元素中。

例2-1，一个简单的网页文件：

```
<! DOCTYPE HTML PUBLIC "-//W3C//DTD HTML 4.01//EN"
"http://www.w3.org/ TR/html4/strict.dtd">
<HTML>
```

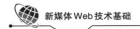

```
<HEAD>
    <TITLE>My first HTML document</TITLE>
</HEAD>
<BODY>
    <P>Hello world!
</BODY>
</HTML>
```

注意,HTML 文档标记有嵌套关系,最外层是 HTML 元素,包含了 HEAD 和 BODY 两个子元素。一个 HTML 文件中只允许出现一个 HTML 元素结构。为了便于阅读,每一层嵌标记都往后缩进固定的宽度,可以用一个 Tab 字符表示一层缩进。

(一)文档类型声明

HTML 文档第一行为文档类型声明,指明该文档为 HTML 文档,其文档标准以可参考地址"http://www.w3.org/TR/html4/strict.dtd"中的规定。在 HTML 4.01 中有 3 种文档标准:

● 严格标准只允许严格使用 HTML 4.01 所规定的元素和属性,不能使用标记为不赞成(Deprecated)的标记和属性,文档定义格式如下:

<！DOCTYPE HTML PUBLIC "-//W3C//DTD HTML 4.01//EN"

"http://www.w3.org/TR/html4/strict.dtd">

● 过渡标准允许使用 HTML 4.01 所规定的元素和属性,包括标记为不赞成(Deprecated)的标记和属性,文档定义格式如下:

```
<！DOCTYPE HTML PUBLIC "-//W3C//DTD HTML 4.01//EN"
"http://www.w3.org/TR/html4/loose.dtd">
```

● 框架标准在过渡标准的基础上,还包含了框架相关标记和属性,文档定义格式如下:

```
<！DOCTYPE HTML PUBLIC "-//W3C//DTD HTML 4.01//EN"
"http://www.w3.org/TR/html4/frameset.dtd">
```

可见 HTML 4.01 中文档版本信息复杂,书写时难以记忆。因此在 HTML5 中文档类型声明得到了大大简化,只需要如下一行语句即可:

```
<！DOCTYPE html>
```

在类型声明后为 HTML 元素开始标记,一直到文档末为 HTML 结束标记。

(二)头部信息

文档头部信息中包含了当前文档的一些重要信息,例如文档标题、文档编码、用于搜索引擎使用的文档关键字等,所有头部信息都包含在HEAD元素中。头部信息主要包含以下元素:

●TITLE,文档标题。文档标题是HTML文档必需的头部信息,用于指定该网页的标题,其内容会出现在浏览器标题栏中,这也是搜索引擎使用的重要信息。文档标题包含在TITLE元素中,其内容为文本信息,图片或者其他格式信息在标题中是无效的。网页编写者应当为网页制订一个合适的文档标题,要能恰当描述该文档内容。

●META,元信息。文档元信息用于指定文档的一些属性,用于浏览器、服务器软件进行识别或者相应操作。例如搜索引擎提取元信息进行文档索引,以提高搜索结果的准确度。元信息的元素为META,只有起始标记,无结束标记。在一个页面的HEAD元素中可包含多条元信息。META标记的主要属性包括:

name:元信息名称。

content:元信息内容。

http-equiv:它可以代替name属性。用于指定HTTP响应名称,Web服务器收集该属性值以用于HTTP响应消息头信息。

例如:

```
<head>
    <meta name="Description" content="一个关于Web技术的网页">
    <meta name="Author" content="张三">
    <meta name="Keywords" content="HTML,Web技术">
</head>
```

上面例子中的元信息分别为页面描述、页面作者和文档关键字。注意,该例以及后文部分例子为了节约篇幅,只截取了部分代码,运行该例子需要放置到一个网页文件中。

用属性http-equiv代替name属性的例子:

```
<head>
    <meta http-equiv="Content-Type" content="text/html;
charset=utf-8" />
    <meta http-equiv="Refresh" content="5;
```

```
url=http://www.w3school.com.cn" />
    <meta http-equiv="expires" content="2 July 2015">
</head>
```

上面例子中第一个元信息用于指明文档编码为 UTF-8。第二个元信息指明该文档 5 秒钟会跳转到地址：http://www.w3school.com.cn。第三个元信息表示该文档在指定时间之后，必须刷新缓存①。

元信息的名称及值在 HTML 并无严格限制，也就是说可以根据服务器或者搜索引擎要求来书写相关元信息。例如：

```
<meta name="google" content="nositelinkssearchbox">
<meta name="google" content="notranslate">
```

这两个元信息是 google 定义的，用于 google 搜索引擎和相关软件。

在信息管理时有一个非常重要的元信息叫 DC(Dublin Core)，它用 15 个属性来标注资源。我们也可以将 DC 元信息应用到网页中。例如：

```
<meta name="dc.language" CONTENT="CN">
<meta name="dc.source" CONTENT="http://www.your-domain.com/">
<meta name="dc.title" CONTENT="标题">
<meta name="dc.keywords" CONTENT="关键字1,关键字2">
<meta name="dc.subject" CONTENT="主题">
<meta name="dc.description" CONTENT="描述">
```

本例中 dc.language 表示页面语言，dc.source 表示来源，dc.subject 表示主题等。所有 15 个 DC 属性意义可以查询相关资料。

●其他元素。在头部信息还包含 ISINDEX、BASE、NEXTID、LINK、SCIPRT 等与链接和样式表、脚本语言等相关的元素，后面在讲到相关知识的时候再详细说明。还有少数浏览器自己定义了一些头部元素。例如 Internet Explorer 浏览器支持头部元素 BGSOUND，用于指定网页打开时的背景音乐，用 src 属性指定音乐文件，用 loop 指定是否循环。例如：

```
<head>
    <title>这是背景音乐的例子</title>
```

---

① 为了降低服务器端动态网页程序对服务器资源占用，服务器通常会为一些耗资源的页面建立一个缓存页面，在一定时间内用户访问该页面时，服务器会用缓存页面代替，从而减少服务器上程序执行次数，缓解服务器压力。

```
<bgsound src="test.mid" loop="1">
</head>
```

本例表示在打开网页时循环播放 test.mid 声音文件。

(三)正文

正文由<BODY>和</BODY>进行标注,该元素内容包含了 Web 页面中的具体内容,包括文字、表格、图像、超链接、视频等,这些内容会按需要显示在浏览器窗口中。

BODY 元素的主要属性见表 2-4,这些属性主要用于设置整个网页的颜色、字体、链接样式等。如 bgcolor 用于设置网页背景色、background 用于设置网页背景图。一个链接具有未访问、正在访问和已经访问三种状态,通常由有下划线的不同颜色文字表示,我们可以对 link、vlink、alink 属性设置来指定链接的状态。

需要注意的是表 2-4 中部分属性在 HTML 4.01 中已经处于不赞成(deprecated)状态,表示这些属性已经过时,应当采用新方法来代替,在将来的版本中可能被废除,但在当前的版本中仍然兼容。由于这些不赞成属性都是表示样式的属性,而在 HTML 的较新版本中都推荐采用样式表来代替这些属性,因此很多表示样式的属性、标记都是不赞成状态了。但由于以前大量网页已经采用了这种语法,还有部分网页制作者因为个人习惯,仍然在网页中使用这些不赞成的属性或者标记。

表2-4　BODY 元素的主要属性

属性名称	HTML4 状态	功能与说明
bgcolor	正常	设置网页背景色。
style	正常	设置内联样式表。
background	不赞成	设置网页背景图。
text	不赞成	设置网页文本颜色。
link	不赞成	设置尚未被访问的超链接文本的颜色,默认为蓝色。
vlink	不赞成	设置已被访问的超链接文本的颜色,默认为紫色。
alink	不赞成	设置正被访问的超链接文本的颜色,默认为红色,即点击链接时的颜色。
leftmargin	不赞成	设置页面左边的空白,单位为像素。网页正文内容与窗口边框间默认是有距离的,有时设计网页里需要去掉此间隔,可以设置为0。
topmargin	不赞成	设置页面顶端的空白,单位为像素。

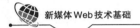

例 2-2：

```
<html>
  <head>
    <title>body 标记属性</title>
    <meta charset="utf-8">
  </head>
  <body bgcolor="#ACFF11" style="margin:30px;font-size:16pt">
  这是正文内容,试着更改上面的 bgcolor、margin 和 font-size 值看网页有什么变化?
  </body>
</html>
```

正文内容都放置在 BODY 元素中,例如文本、图像等,这些内容都由不同的元素来描述,接下来的几个小节我们会来学习这些元素的标记。这里讲一下这些标记的共性问题:

● 大多元素都有 id 和 class 属性。id 属性值为一个字符串,用于指明该元素的标识名称,该名称在整个网页文档中应该是唯一的。class 属性用于指定该元素的类别名称,主要用于样式表。在样式表中通过该名称选择要设置样式的对象,一个元素可以指定多个样式。

● 在正文中的内容有“块”级和“内联”两种类型,块级元素在网页中占据一个块状区域,每一个块级元素都由一个新行开始;内联级元素像文本一样,一个新的内联元素会接在前一个内联元素之后。例如段落就是一个块级元素,而文字则是内联级元素。在块级元素里可以包含新的块级元素或者内联元素,在内联元素里只能包含内联元素。

● 用于分节的元素 DIV 和 SPAN。有时要给正文分出不同部分来,以让文档有更好的结构,可以用这两个元素来实现,DIV 中可以包含块级内容,SPAN 中只能包含内联内容。例如:

```
<DIV>
    <P>这是分节元素的<SPAN>例子</SPAN>。
</DIV>
```

为了让文档正文有更好的语义结构,在 HTML5 中引入了更多表示结构的元素,见表 2-5,这些元素用于将文档分割为不同区域,以便于开发者在设计与制作时有更明晰的结构,也便于计算机进行语义处理。

34

表2-5 HTML5中增加的正文结构元素

属性名称	功能与说明
SECTION	表示文档中的一个小节,可以与Hn一起使用。
ARTICLE	表示文档中的一个独立片断,例如一篇博客、一篇文章等。
ASIDE	表示该部分内容只是与当前文档相关,通常放置在页面两侧。
HEADER	头部信息。注意与HEAD元素不同,这里通常指页面顶部内容。
FOOTER	底部信息,包括作者、版权、联系方式等,通常放置于页面底部。
NAV	页面中的导航部分。
DIALOG	用于标注对话。
FIGURE	用于标注一段需要标题的内嵌内容,例如图片或者视频。

例2-3:

```
<! DOCTYPE html>
<html>
    <head>
        <meta charset="utf-8">
        <title>HTML中提供了更好的文档结构元素</title>
    </head>
    <body>
        <header>页面顶部</header>
        <nav>导航条,由文字或者图片链接组成</nav>

        <article>
            <section> 文章第一部分 </section>
            <section> 文章第二部分 </section>
        </article>
        <aside>侧边栏,通常在左右两侧</aside>
        <footer>页脚信息,放作者、版权、联系信息等</footer>
    </body>
</html>
```

本例中的语义标记虽然标注出了文档的语义结构,但用浏览器浏览该例时,并没有得到所需要的版面效果,例如通常需要header在顶部、footer在底部、article在中间、aside

35

在两侧等。要实现这些效果,需要有相对应的CSS对其进行格式化。

第二节　文本内容描述

文本是网页中非常重要的内容,文字的编排主要包括字体、文字大小、颜色、对齐、绕排等。用浏览器浏览页面与阅读传统出版物(如报刊、书籍、杂志)版面有很大不同。浏览设备的不同浏览器窗口大小是变化的,因此当文字大小固定而浏览器窗口变化时,文本块宽度、高度会发生变化。对网页中的版面通常的做法是让文本的宽度按容器宽度决定,高度随着文本内容的多少变动,浏览器会自动产生滚动条来显示一页无法全部显示的内容。

一、文本标题

网页中的长段文本的内容可以分成多个部分,每个部分都用标题来引导。在HTML中一共有六级标题,一级标题用元素 H1 表示,二级标题用元素 H2 表示,以此类推六级标题用元素 H6 表示。我们把这一系列元素统称为 Hn,即 n 可以是1到6。Hn 引导的文本内容很好显示了文本内容的层次结构,我们在文本编排时应当尽量使用这些具有层次结构的元素。

例2-4:

```
<! DOCTYPE html>
<html>
  <head>
    <meta charset="UTF-8">
    <title>这是多级标题的例子</title>
  </head>
  <body>
  <h1>第一部分</h1>
    <h2>第1小节</h2>
    <h2>第2小节</h2>
      <h3>第1点</h3>
```

```
        <p>第1点内容是......
    <h1>第二部分</h1>
       <h2>第1小节</h2>
       <h2>第2小节</h2>
    </body>
</html>
```

元素 Hn 必须使用结束标记符,否则该标题标记一直未结束,则整个文本都会被当成该标题内容。如图 2-2 所示,是多级标题例子运行效果。浏览器默认为每级标题设定了默认字体,一级标题字号最大、六级标题最小。学习了第三章样式表后,我们也可以通过样式表改变各标题字体、对齐等默认样式。

表2-6　元素 Hn 的主要属性

属性名称	HTML4状态	功能与说明
align	不赞成	设置标题对齐方式,取值有:left、center、right、justify,分别为左对齐、居中对齐、右对齐和两端对齐。注意当前 justify 属性在主流的浏览器中并未实现,以默认的 left 代替。对于从左向右的文字方向言语,如简体中文,默认的对齐方式为左对齐。

图2-2　多级标题效果

二、文本与段落

(一)空格的表示

在 BODY 中即可开始书写文本内容,但由于 HTML 是基于文本格式的,它要实现文

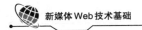

本的编排,必须通过一系列标记来实现;我们在文本编辑软件中用空格键、Tab键、回车键等产生的空格,只是为了便于代码编写,在浏览器中渲染时,这些空格会被过滤掉,并不会显示出来。

如果要在网页正文中使用空格、Tab等,需要通过字符参考来代替:空格为" ",Tab为"	"等。

换行需要用元素"br"(force line break,强制断行)来实现,该元素只有开始标记"
",无结束标记。

在HTML中,可以通过元素PRE来保持文本代码格式,如空格、换行等,即使在浏览器中浏览时也会保持这些文本格式。

例如(为了更好对齐,其中的空格用Tab键产生):

```
<body>
<pre>
销售清单
商品          价格          重量          小计
苹果          0.90          2            1.80
香蕉          0.95          1            0.95
总计:2.75
</pre>
</body>
```

其效果如图2-3所示,可见保持了文本中的Tab键产生的空格。试着将上例中的"<pre>"和"</pre>"去除并保存文件,查看结果可以看到格式已被过滤掉。

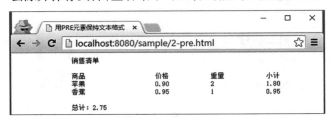

图2-3 用PRE实现保持文本格式

(二)段落表达

网页中的大段文本通常会按需要被分成一个个段落。在HTML文本中有一个非常常见的元素P(Paragraphs,段落)来实现,其结束标记"</p>"是可选的。段落文本默认有

38

段前空、段后空、行间距等格式,也可以通过align等属性改变段落的默认对齐格式。P元素的重要属性见表2-7。

表2-7 P元素主要属性

属性名称	HTML4状态	功能与说明
align	不赞成	设置段落对齐方式,取值有:left、center、right、justify等,分别为左对齐、居中对齐、右对齐和两端对齐。
lang	正常	文本语言。
dir	正常	文本方向,取值有LTR(Left-to-right)、RTL(Right-to-left)等。

对于中文段落还有一个首行缩进的问题需要解决。这可以通过在段前添加空格字符来实现。

例2-5：

```
<html>
    <head>
        <title>段落</title>
        <meta charset="utf-8">
    </head>
    <body>
<p>  一个段落由一个或者多个句子组成,这些句子表达了一个主题思想。要注意的是一个段落在格式上会另起一行,段落与段落间有段前空与段后空,会比段落内的文本间隔更大。
<p>  对于中文段落内容,还有一个问题需要解决,就是每个段落首行缩近两个字符。这可以用两种方法来实现,一种是在首行添加字符参考" &nbps;"来代替空格。
<p>  换行用&lt;br>来实现,而不要用&lt;p&gt;。
<p>  利用align属性可以对段落文本进行对齐。
<br>
<br>
<p align="right">日期<br>
2015年7月9日
    </body>
```

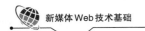
```
</html>
```

该例效果如图 2-4 中所示。

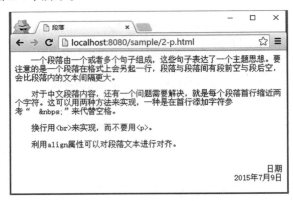

图2-4　段落效果

本例中缩进效果虽然达到了,但这种方法破坏了段落本身字符内容。在实际使用中更多的是用样式表的方法实现,在学习了第三章内容时我们会对样式表实现缩进的方法进行介绍。

另外,需要注意的是P元素是一个块级元素,其中不能包含块级元素,也不能包含另外一个P元素。虽然P元素会另起一行,并占用段前段后距离,但连续使用多个空段落时,除第一个空段落外,其他空段落会被忽略。也就是说P元素只用于标记段落内容,不能用于编排多个换行。要实现换行,可以使用另外一个元素BR(Line Break,换行)来实现,该元素只有起始标记
,没有结束标记。

例如:

```
<p>多个段落:

<p>

<p>

<p>

<p>多个换行

<br>

<br>

<br>

<br>
```

在浏览器中可查看该例子中多个段落与多个换行产生效果的区别。

(三)结构文本

为了让文本具有更好的结构,HTML提供了一系列语义元素,这些语义元素用于文本的结构化标注。有的标记虽然在浏览器渲染后并没有明显格式变化,但网页制作者和计算机自动处理时都能更好地组织与理解这些文本,因此在制作时应当尽量使用这些标记。

表2-8　主要文本结构元素

属性名称	HTML4状态	功能与说明
EM	正常	需要强调(Emphasis)
STRONG	正常	比EM更强烈的强调
CITE	正常	引用短语
DFN	正常	定义(Definition)
CODE	正常	源代码
SAMP	正常	例子(Sample)
KBD	正常	用户输入文本(Key board)
VAR	正常	变量(Variable)
ABBR	正常	缩写(Abbreviate)
ACRONYM	正常	首字母缩写(Acronym)
BLOCKQUOTE	正常	引用大段内容
Q	正常	引用短句

例2-6:

```
<! DOCTYPE html>
<html>
<head>
  <meta charset="UTF-8">
  <title>结构化文本例子</title>
</head>
<body>
  <p>EM标注要<em>强调</em>的内容。
    <p>SRTRONG是比EM语气更重的<strong>强调</strong>。
    <p>CITE表示引用自别处,例如:该文来自<cite>新浪</cite>。
    <p>Q用于引用一个句子,浏览器通常会加引号,例如:拿破仑说过<q>不想当
```

将军的士兵不是好士兵</q>。

    <p>BLOCKQUOTE用于引用一大段文本,例如:

<blockquote cite="https://zh.wikipedia.org/zh/哺乳动物">哺乳动物是指脊椎动物亚门下哺乳纲(拉丁语:Mammalia)的一类用肺呼吸空气的温血脊椎动物,因能通过乳腺分泌乳汁来给幼体哺乳而得名。</blockquote>

    <p>DFN表示定义,例如:<dfn title="Ovipara">卵生动物</dfn>是指用产卵方式繁殖的动物。

    <p>CODE用于标注一段计算机代码,例如下面是一段PHP代码:

<code>

  echo "Hello World,您好世界!"

</code>

    <p>ABBR 表示一个缩写,例如:<abbr title="Hyper Text Markup Language">HTML</abbr>是网页描述语言。

</body>

</html>

其结果如图 2-5 所示。

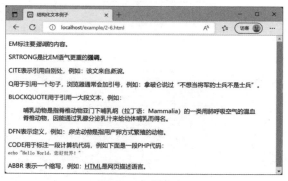

图2-5　短语标记

三、文本格式

在HTML中文本格式更推荐用样式表来实现,这里介绍的基于元素的实现方法是兼容方法,但在网页编写过程中也经常使用。文本格式相关元素如表2-9中所示。

表2-9 文本格式元素

属性名称	HTML4状态	功能与说明
TT	正常	等宽字体(Teletype)
I	正常	斜体(Italic)
B	正常	粗体(Bold)
BIG	正常	大字体
SMALL	正常	小字体
STRIKE	不赞成	删除线
S	不赞成	删除线(Strike-through)
U	正常	下划线(underline)
FONT	不赞成	字体

I、B、U都是较为常用的标记,用于标注斜体、粗体和下划线文本,虽然可以用样式表来实现,但样式表需要通过类名或者ID对要进行格式化的文本进行标注,其命名标记过程比使用这些单字母的元素更为复杂,所以很多时候使用元素来实现更为方便。

FONT元素通过size、color、face等3个属性分别指定文字大小、文字颜色和字体,用于标注小部分文本的样式。

"size"属性用于指定文字大小,其取值为1至7之间的整数。浏览器将文字分为7种级别大小。另外,也可以用带符号的整数来表示相对于当前字体的大小。例如"+3"表示在当前字体大小基础上增加3个级别;"-1"表示比当前字体减小一个级别。但增加与减小后的级别不能超过1至7的范围。

"color"指定标注文本的颜色,采用HTML颜色表示方法。

"face"指定一种或者多种字体名称,例如"黑体""Courier New,楷体"等。浏览器会按先后顺序查找逗号分隔的多个字体,如果前一种字体不存在则选择下一种字体。字体名称可以通过操作系统提供的字体浏览工具来查看。网页最终显示效果需要由浏览器调用操作系统提供的相应字库来决定,因此使用一些非通用的字体可能会导致不同设备浏览时产生差异。

```
<html>
    <head>
        <title>文本格式</title>
        <meta charset="utf-8">
    </head>
```

43

```
<body>
    这些文本分别是<i>斜体</i>、<b>粗体</b>、<u>下划线</u>以及<big>大字体</big>、<small>小字体</small>等。<br>
        <font size="1">size=1</font><br>
        <font size="2">size=2</font><br>
        <font size="3">size=3</font><br>
        <font size="4">size=4</font><br>
        <font size="5">size=5</font><br>
        <font size="6">size=6</font><br>
        <font size="7">size=7</font><br>
        <font size="-3">size=-3</font><br>
        <font size="+1">size=+1</font><br>
    </body>
</html>
```

其效果如图 2-6 所示。

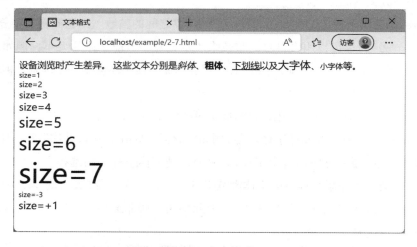

图2-6　文本格式

注意FONT元素在HTML4.1中已经为不赞成状态,推荐用样式表来实现。样式表功能比FONT元素的三个属性更为强大。

第三节　图像与链接

一、图像描述

(一)插入图像

在 Web 页中图片用 IMG(image 简写)元素来实现,注意该元素只有开始标记,无结束标记。该标记主要属性如下:

src:通过 src 属性来指定图片的 URL 地址,常用的图片格式包括 GIF、JPEG、PNG 等。

alt:指定一段文字,当图片资源因为地址错误、网络错误等原因而无法正常显示时,则显示该文本代替图片。

align：对齐属性,其取值有 bottom、middle、top、left、right 等,分别指定与周围文本或其他对象的垂直和水平位置。注意该属性在 HTML 4.1 以后处于不赞成状态。

width、height:指定图像的宽度、高度,单位可以是整数或者百分比,整数表示像素数,百分比表示占据图片所在容器宽度或者高度的百分比。在设置图片宽度和高度时要注意保持图片的宽高比,否则图片会发生变形。通常只设定宽度或高度中的某一个,这样浏览器会保持原图宽高比例显示图片。

border:设置图片边框宽度,单位为像素数。如果不需要图片边框,可以将其设置为 0;

hspace、vspace:用于指定图片与周围文本或者其他对象间的距离,单位为像素数。该属性已经处于不赞成状态。在样式表中可以通过盒子模型中的边距、内空等来实现。

例 2-8:

```
<html>
    <head>
        <title>图片</title>
        <meta charset="utf-8">
    </head>
    <body>
    <img src="image-yellowstone.jpg" alt="老忠实喷泉" width="150" border="1"
```

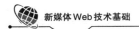

```
align="left">
        黄石火山是北美最大的火山系统,并且由于其异常庞大的爆发力度而被称为
"超级火山"。……(此处请输入一定数量的文本)<br>
        公园内或许也是世界上最著名的间歇泉就是位于上间歇泉盆地的老忠实间歇泉,
同时城堡间歇泉、狮子间歇泉和蜂巢间歇泉均位于这一盆地。……(此处请输入一定数
量的文本)
        </body>
    </html>
```

其效果如图 2-7 所示。

图2-7　插入图像

在图文混排时,文字会根据图片的align属性值进行绕排。如果将上例中align属性
改为right,则图片会移到右侧,文字在左侧绕排。

(二)Figure元素

为了增强图片功能,在HTML5中引入了一个新的元素figure,该元素用于标注图像、
代码列表等,配合figcaption元素可以很方便为其加入图片说明。

例如,将上例中< img >标记处代码改为如下代码:

```
<figure>
    <figcaption>老忠实喷泉</figcaption>
    <img src="image-yellowstone.jpg" alt="老忠实喷泉" width="400" border="1">
</figure>
```

(三)图像格式

根据不同来源和用途,图像应当选用不同的图像格式。在 Web 页中的常见图像格

46

式有GIF、JGP/JPEG和PNG等三种，每种格式有不同的特点和应用场合。

1.GIF图像

GIF即Graphics Interchange Format(图形交换格式)，其文件扩展名为gif，GIF图像的优点是其支持透明背景及光栅动画，且压缩率高。透明背景可以让图片与HTML网页内容的文字背景等进行很好的融合，因此可以设计出更为炫酷的效果。光栅动画原理是以一定的时间间隔循环播放有少量变化的连续动作图片，从而形成动画效果。光栅动画不需要在浏览器上安装特殊的插件即可显示。GIF图像的缺点是其支持的颜色数非常少，只有256种颜色，因此并不适合显示高质量的静态图片的显示。

在Web页中通常用GIF图像来实现导航条、按钮、图标等。即使按钮、图标效果边缘不规则时，也可以通过透明显示其背后层的文字、背景色等内容将两个层内容很好地融合。另外由于其支持动画，通常用于广告链接，以取得更好的广告效果。

2.JPG/JPEG图像

JPG/JPEG即Joint Photographic Experts Group(联合图像专家组)，其文件扩展名为.jpg或者.jpeg，JPG图像的主要用途是显示高质量静态图像。它具有多种压缩比，可以根据使用场合选择不同的压缩比。有很多数码相机导出的图片格式即为JPG格式，因此可以导出后直接在Web页中使用。

JPG图像格式不支持透明背景，也不支持光栅动画。

3.PNG图像

PNG即Portable Network Graphic(可移植网络图形)，其文件扩展名为.png。PNG格式综合了GIF和JPG的优点，既可以支持透明背景和光栅动画，也可以支持高质量静态图像，甚至支持无损压缩格式。该文件格式的出现是针对GIF和JPG格式的专利费，PNG是免费的图像格式。

在Web页中除了要选定正确的图像格式外，由于图片要在互联网上传输，因此还要注意磁盘空间大小以及分辨率等问题。Web图片显示通常是显示器，普通显示器分辨率在100dpi左右，过高的分辨率在显示器上并不会取得相应的显示效果。在实际使用中可以对一幅图设置高、中、低等分辨率的图片，在有大量图片的索引页中可以使用中低分辨率版本，在查看单幅图片时则使用高分辨率版本。

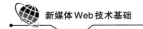

二、图像映射

图像映射(Map)也叫图像地图或者热点,就是指在一幅图中定义若干个区域,每个区域指定一个超链接。这样就实现了可以在点击图片中的不同区域时跳转到相应的目标页面。可以将这种功能应用到电子地图、页面导航等。

要使用图像映射,首先要用map元素创建一个映射,用其name属性指定名称。

然后在map元素中用area元素创建点。在一个映射中可以包含多个热点,每个热点都由形状和坐标来描述,对应的属性分别为shape和coords。shape的值可以是rect、circle、ploy,分别表示矩形、圆和多边形。根据形状的不同,其coords取值是不一样的,例如矩形需要指定左上角和右下角坐标,圆形需要指定圆心坐标和半径,而多边形由一系列点的坐标组成,这些点形成一个封闭的形状。网页中的坐标系统是页面左上角为原点(0,0),向右x坐标值增加,向下y坐标值增加,如图2-8所示。

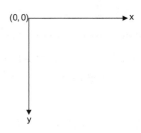

图2-8　网页中的坐标系统

最后给img描述的图像增加一个usemap属性,指定映射名称,这样就将映射与图像叠加,形成了图像映射。

由于图像映射中各种形状的坐标并不直观,难以直接书写出准确的坐标值,因此需要借用可视化网页制作软件来完成,例如在Dreamweaver中即可实现图像映射的坐标绘制。首先在Dreamweaver中插入图片,并进入"拆分"视图,左侧显示代码视图、右侧显示设计视图;然后在设计视图中选中图片,这时属性栏底部显示了图像映射工具▯ □ ○ ▽,后面3个工具分别用于矩形、圆和多边形的绘制,选中其中一个工具后即可开始在图片上绘制这些形状,代码视图中会自动获得相应坐标。绘制完每个形状后,可以指定其"链接"地址和"替换"文字。在Dreamweaver中绘制图像映射如图2-9中所示。

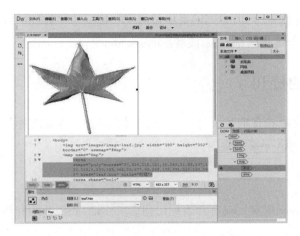

图2-9 利用 Dreamweaver 创建热点

最后我们得到了如下HTML代码,例2-9:

```html
<html>
    <head>
    <meta charset="utf-8">
        <title>图像映射</title>
    </head>


        <body>
        <img src="image-leaf.jpg" width="390" height="352"
border="0" usemap="#Map">
        <map name="Map">
        <area shape="poly"
coords="57,226,118,181,62,145,11,89,137,122,183,5,239,125,362,99,377,
93,268,173,331,220,193,183" href="leaf.htm" alt="叶冠">
        <area shape="poly" coords="
188,191,214,334,222,335,198,190" href="leafstalk.htm"
alt="叶柄">
        </map>
    </body>
</html>
```

49

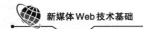

保存文件并浏览,可以看到网页中显示了一幅图片,当把鼠标移到图片的叶冠或叶柄上并点击时,会链接到leaf.htm或者leafstalk.htm文件上。

三、链接的使用

链接在Web页中具有重要作用,通过在网页中的文字或者图片等链接,跳转到其他URL资源上,它通过A元素来实现。

(一)A元素

A元素即Anchor(锚点),具有开始标记和结束标记,处于开始和结束标记中的文本、图片等内容即为链接活动区域。该元素在Web页中使用非常频繁,其主要属性如下:

href:指定该链接的目标资源地址。通常该地是一个完整的URL地址,包含了协议、主机、路径、资源名称等。但如果链接目标地址与当前链接所在页面地址之间有相对关系时,也可以使用相对地址以简化书写、具有更好的移动性等。相对地址去除了链接与被链接网页URL地址中相同的部分。当在同一个文件夹中或者同一个网站中页面之间相互链接时应当使用相对地址。

name:定义一个链接名称。当一个Web页面中包含多个链接时,另外一个Web页或者本页中的链接可以通过"URL#name"的形式直接访问到该链接位置,而不需要在整个页面中查找该内容位置。该功能可以用于制作书签之类的效果。

title:指定一个链接的标题信息。对于指定了该属性值的链接,在浏览器中将鼠标放置到该链接上时,可以看到该内容的提示信息。也可以通过JavaScript读取该值后显示为自己需要的效果。

target:指定链接打开的目标位置,通常与框架配合使用,链接目标资源会在指定的框架中打开,在后面讲述框架时再详解。此处讲解其特殊的名称:_self、_blank,前者表示在本窗口中打开,也是链接的默认值;后者表示新开一个窗口并在其中打开。

例如:

```
<a href="http://www.whu.edu.cn/" target="_blank">武汉大学</a>
```

将上例放置到网页文件body元素中查看其效果。然后改变href属性值和target属性值查看其变化。

再如:

```
<a name="contents">目录</a>
<a href="#chapter1">第一章</a>
```

```
<a href="#chapter2">第二章</a>
<a href="#chapter3">第三章</a>
……
<a name="chapter1">第一章 …</a>
……
<a href="#contents">回到目录</a>
<a name="chapter2">第二章 …</a>
……
<a href="#contents">回到目录</a>
……
<a name="chapter3">第三章…</a>
……
<a href="#contents">回到目录</a>
……
```

将上例中的代码放置到网页文件的body元素中查看效果。注意链接地址中的"#"表示该文档内部的链接。

(二)绝对地址与相对地址

如前所述,一个完整的URL地址由协议、主机名、域名、路径、文档名等部分组成,这就是绝对URL地址。当链接目标与当前文档不在同一个域名中时,必须使用绝对地址才能正常访问。

例如:

```
<a href="http://www.sina.com.cn/">新浪网</a>
```

当链接目标与当前文档在同一个域名中时,使用输入绝对URL地址非常累赘,甚至在制作网页时域名根本还没有定下来,因此无法使用绝对地址,应当使用相对地址。相对地址是指链接目标文档与当前文档的相对位置,去除了链接目标地址中相对于本网页地址中重复的协议名、路径名等部分内容。

要使用相对地址需要目标文档与当前文档在同一个域名中,且目录相对关系较为简单。目录间的相对关系可以利用两个特殊符号来实现:"."表示当前目录;".."表示父目录。使用相对地址除了让编写更为简单外,还具有更好的可移动性,当移动网站某些目录时,只要链接间的相对位置关系没有发生变化,这些链接还是有效的。

相对路径的一些使用情形：

● 链接目标文档与当前文档在同一目录下，链接地址为文件名即可，例如：

<a href="chapter1.html">第一章</a>

● 链接目标文档在当前文档所在目录的子目录下，链接地址前加上子目录即可，例如：

<a href="chapter1/index.html">第一章</a>

● 链接目标文档与当前文档不在同一目录下，可以通过".."访问到该目录，例如：

<a href="../../astory/chapter1/index.html">第一章</a>

当需要多次转换才可以访问到目标文档时，相对路径也会变得非常复杂，还可以使用文档根目录相对地址，即相对于文档根目录的相对地址，该地址以"/"开头。Web 服务器将网站根目录映射为一个 URL 地址，所有该目录下的路径都会依次映射为相应 URL 地址。因此，使用文档根目录相对地址必须 Web 服务器中才可使用，在本地文件夹下无法使用。例如，

<a href="/astory/charpter1/index.html">第一章</a>

除了在链接中使用绝对地址与相对地址外，其原理可以应用到 HTML 中与 URL 地址相关的地方，例如图片地址、样式表地址、脚本代码程序地址等。

第四节　表格

一、表格基本标记与属性

表格在网页中主要有两个功能：用于呈现数据内容；用于布局以取得整齐的排列效果。前者即具有行列属性的内容，我们通常需要利用表格呈现的内容；而后者是通过表格的定位功能、边框属性设置等将网页划分为多个版块，然后将各种网页内容放置于各版块中，从而实现布局效果。

在 Web 页中的表格由表行组成，每一行由多个单元格组成，第一行也可以由特殊的数据单元组成表头。表格的单元格可以跨行或者跨单元格。

表格相关的主要元素如下：

TABLE：定义整个表格，所有表格内容都在该元素中。该元素必须有起始标记<

TABLE>和结束标记</TABLE>。其主要属性有：

align，表格水平对齐，可以取值left、center、right分别左对齐、居中对齐和右对齐。

width，表格宽度，取值单位可以是像素数或者百分比。

bgcolor，设置表格背景色。

frame，表格边框的可见性设置，可取值有：void，无边框，为默认值；above只有上边框；below，只有下边框；hsides，只有上边框和下边框；vsides，只有左边框和右边框；lhs，只有左边框；rhs，只有右边打框；box/border，四边均有边框。

border，表格边框宽度。

cellspacing、cellpadding，分别为单元格间距和单元格内空，前者指定单元格之间的距离，后者指定边框与内容间的距离。在利用表格进行布局时，通常将border、cellspacing、cellpadding都设置为0，以通过表格、表行、单元格宽度和高度进行精确定位。

TR：即Table Row，定义一个表行，必须有起始标记<TR>和结束标记</TR>。其主要属性有bgcolor，设置表行背景色；align、valign分别设置表行中单元格数据默认的水平、垂直对齐方式，水平方向可取值有left、center、right，垂直方向可取值有top、middle、bottom，两种对齐方式组合可以形成9种对齐方式。

TH/TD：即Table Header Cell/Table Data Cell，单元格，必须有起始标记< TD >和结束标记</ TD >。TH仅用于标注表头单元格，属性与TD一致。二者主要属性有：width、height分别表示单元格宽度与高度；bgcolor、align、valign与TR的使用方法一致，但作用范围仅在单元格内；rowspan、colspan分别设置该单元格跨行、跨列数。

例2-10：

```
<html>
    <head>
        <title>表格例子</title>
        <meta charset="utf-8">
    </head>
    <body>
        <p>成绩表</p>
        <table  align="left" bgcolor="#eeee00" border="2" width="300">
            <tr>
                <th rowspan="2">姓　名</th><th  rowspan="2">性别</th><th rowspan="2">年龄</th><th colspan="2">成　绩</th>
```

```
        </tr>
        <tr>
            <td>物理</td><td>化学</td>
        </tr>
        <tr align="center" valign="middle">
            <td>张三</td><td>男</td><td>22</td><td>82</td><td>79</td>
        </tr>
        <tr align="center" valign="middle">
            <td>李四</td><td>男</td><td>23</td><td>72</td><td>80</td>
        </tr>
    </table>
</body>
</html>
```

其效果如图 2-10 所示。

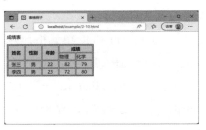

图 2-10　表格示例

二、特殊表格制作

利用表格可以实现一些特殊效果,例如利用表格的行或列背景形成分隔线、用表格进行版面划分等。

例 2-11:

```
<html>
    <head>
        <title>利用表格实现分隔线</title>
        <meta charset="utf-8">
    </head>
```

```
<body>
    <table border="0" cellspacing="0" cellpadding="0">
        <tr><td width= "50" height= "50" ></td><td width= "1" bgcolor= "#000000"></td><td width="150"></td></tr>
        <tr bgcolor="#000000"><td colspan="3" height="1"></td></tr>
        <tr><td height="150"></td><td width="1" bgcolor="#000000"></td><td valign="top">  ......</td></tr>
    </table>
</body>
</html>
```

其效果如图 2-11 所示,两条细线并不是表格边框,而是由单元格背景颜色形成。其关键在于控制单元格的宽或者高以及其背景颜色。特别要注意的是细线中不能有任何字符及其他可视内容,否则会撑开单元格,不能形成细线。

图 2-11   利用表格实现分隔线

再如,例2-12:

```
<html>
    <head>
        <title>利用表格实现布局</title>
        <meta charset="utf-8">
    </head>
    <body>
        <table width="960" border="0" cellspacing="0" cellpadding="0">
        <tr><td height="85" bgcolor="#EEEEEE"></td></tr>
        <tr><td height="5"></td></tr>
        <tr><td height="100" bgcolor="#FF9900"></td></tr>
        <tr><td height="5"></td></tr>
```

```
                <tr><td>
                    <table width="100%" height="430" border="0" cellpadding="0" cell-
spacing="0">

                        <tr>
                        <td valign="top" bgcolor="#990033"> </td>
                        <td width="5"></td>
                        <td bgcolor="#99FF00"> </td>
                        <td width="5"></td>
                        <td bgcolor="#99CCCC"> </td>
                        </tr>
                    </table>
                </td></tr>
                <tr><td height="5"></td></tr>
                <tr><td height="100" bgcolor="#EEEEEE"></td></tr>
            </table>
        </body>
</html>
```

其效果图 2-12 如所示,每个颜色块都是一个版面,可以在该区域填入文本、图片等内容。在该例中利用了空白单元格进行分隔;利用嵌套表格实现子版块,这样具有更好的独立性。

在编辑较复杂的表格时,为了防止代码输入出错,输入时先建立好父表格,然后在其单元格中再输入子表格代码。

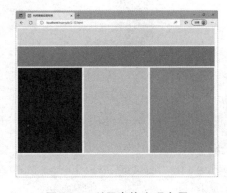

图2-12　利用表格实现布局

56

第五节 列表

HTML提供了三种列表形式,分别是有序列表、无序列表和定义列表。有序列表和无序列表是我们经常使用的列表形式,用于列举条目。

一、有序列表

有序列表以表示先后顺序的数字或者字母引导的列表。有序列表元素为OL(Ordered Lists)和LI(List Items),前者描述整个有序列表,后者描述每个列表项目。OL的主要属性有:

type:设置列表样式,其可选取值如下如表2-10中所示。

start:起始编号,可以设定列表项编号起始值,例如3。虽然其值是一个数字,但根据type值的不同,最终起始值可能会是c、iii等。

需要注意的是这些属性都已经是不赞成状态,因为在CSS针对列表有专门的样式属性值,其功能更为丰富,更推荐使用CSS对列表显示样式进行设置。

表2-10 有序列表type属性值

取值	样式
1	阿拉伯数字,形如1,2,3,...,这是type默认样式值。
a	小写字母,形如a,b,c,…
A	大写字母,形如A,B,C,…
i	小写罗马数字,形如i,ii,iii,…
I	大写罗马数字,形如I,II,III,…

LI描述列表项目,LI元素可以省略结束标记,列表项目的顺序由LI条目顺序决定。

例2-13:

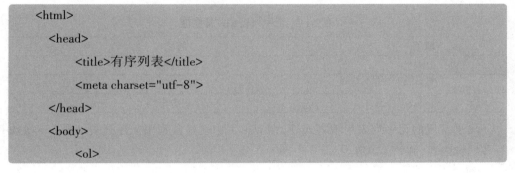

```
<html>
  <head>
      <title>有序列表</title>
      <meta charset="utf-8">
  </head>
  <body>
      <ol>
```

```
        <li>列表项 1
        <ol start="2" Type=´A´>
            <li>编号列表 B
            <li>编号列表 C
        </ol>
        <li>列表项 2
    </ol>
  </body>
</html>
```

其效果如图 2-13 所示。

图 2-13　有序列表

二、无序列表

无序列表前以圆点等形式的项目符号进行引导。无序列表相关元素为 UL（Unordered List）和 LI，前者描述整个无序列表，后者描述列表项。

UL 属性与 OL 属性很相似，不同的是 UL 没有 start 属性，这是因为无序列表没有起始编号。另外 UL 的 type 属性取值也有区别，其取值如表 2-11 中所示。

表2-11　无序列表 type 属性值

取值	样式
Disc	实心圆点
Circle	空心圆点
Square	正方形

除了常规的无序列表呈现方式外，在 Web 页中也经常利用无序列表结合 CSS 实现一些特殊内容，例如菜单等。

58

三、定义列表

定义列表（DL，Definition List）用于列举一系列定义条目。定义列表中每个条目由DT定义术语（Definition Term）和定义描述DD（Definition Description）组成。

例2-14：

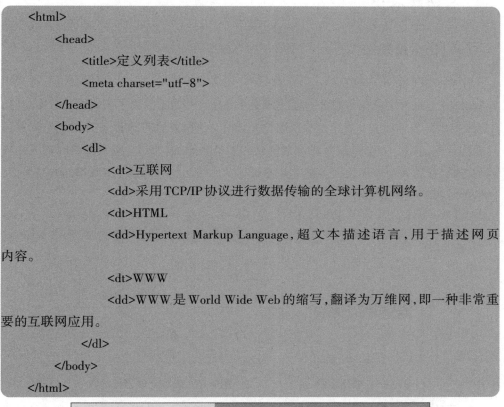

```
<html>
    <head>
        <title>定义列表</title>
        <meta charset="utf-8">
    </head>
    <body>
        <dl>
            <dt>互联网
            <dd>采用TCP/IP协议进行数据传输的全球计算机网络。
            <dt>HTML
            <dd>Hypertext Markup Language，超文本描述语言，用于描述网页内容。

            <dt>WWW
            <dd>WWW是World Wide Web的缩写，翻译为万维网，即一种非常重要的互联网应用。
        </dl>
    </body>
</html>
```

图2-14　定义列表

59

第六节　表单、多媒体与框架

一、创建表单

(一)什么是表单

在Web页中除了在浏览器中显示数据外,还需要接受用户选择、填写数据并提交回Web服务器,由指定的Web服务器程序接受并处理这些数据。为了实现提交数据功能,HTML提供了表单功能。表单是实现用户提交信息给服务器的元素,是服务器与网页访问者沟通的纽带。在浏览网页时经常用到的表单功能,例如用户登录邮箱时输入用户名与密码、在搜索引擎中输入关键字并搜索等。如图 2-15 所示为 126 邮箱的登录界面,这是表单的一个典型应用。

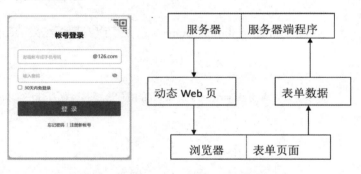

图 2-15　表单示例　　　　　　　图 2-16　表单处理流程

在开始表单元素之前,我们先看一下表单的处理流程。如图 2-16 所示,表单的处理由浏览器端和服务器端共同完成,浏览器端实现表单数据的输入,服务器端通过服务器上的程序实现表单数据的获取与处理。主要有以下几个步骤:

●浏览器打开一个包含有表单元素的页面,该表单页包含了需要输入的数据项。同时表单元素还指定了该表单需要在服务器端处理程序的URL地址;

●用户在表单中填写完毕数据项,并提交数据(通常是点按提交按钮来实现)。

●服务器接收到表单数据并发送给指定的服务器处理程序,该处理程序会进行数据库查询、数据分析等处理,并根据处理结果返回相应的Web页面,该页面是由服务器动态程序即时生成的。

●浏览器端显示表单反馈页面,完成一次表单处理流程。

由于表单的数据处理需要客户端与服务器端共同完成,因此表单的设计与制作包括浏览器端与服务器端两个方面。这里只完成浏览器界面,服务器端功能在学习了服务器端程序后再讲解。

(二)表单元素

表单以FORM元素为容器,指定表单数据提交方式、服务器端处理程序等。在表单容器中可以包含一系列表单元素控件,用于输入各种类型的数据,例如文本框、密码框、按钮等。当用户填写完毕所需的表单控件后,通过一个特殊的表单提交控件将数据提交到服务器。每个控件元素都需要指定name属性值,服务器端通过该变量名来获取其值。接下来讲解各种表单元素的使用方法:

1.FORM元素

FORM元素用于包含一个表单。表单控件放置于起始标记<form>与结束标记</form>之间,其结束标记</form>是不可省略的。例如:

```
<form action="abc/xyz.php" method="post" >
    <--此处为表单控件等内容-->
</form>
```

FORM元素的重要属性有action和method,action属性指定服务器端处理程序的URL地址,method指定表单数据的提交方法。上例中服务器端处理程序URL为"abc/xyz.php",表明采用的是PHP语言作为服务器端程序语言,要实现其完整功能需要在服务器上建立此脚本程序。如果只需要搜集一些简单的数据,而不需要服务器做出相应反馈,也可以采用email地址作为表单处理程序地址,则表单数据可以发送到指定邮箱中。

表单数据提交数据有get和post两种方法。前者会将表单数据组合成一个长字符串并用"?"连接追加在action地址后,例如"abc/xyz.php？name=myname&password=123456",然后向服务器请求该URL地址。显然这种方法不适合大量数据的提交,这是因为较大量数据会形成非常长的地址,甚至超出URL地址长度规定。另外,也不适合安全性较高的数据,例如用户名和密码以这种明文方式传送是不安全的。而采用post方式时,浏览器与服务器之间会以POST协议进行传输,既可以传输大量数据,还可以对数据进行加密后再提交,这是更为常用的提交表单数据方法。

2.INPUT元素

INPUT元素用于生成一系列常用表单控件,该元素只有起始标记,无结束标记。INPUT元素可以创建的表单控件包括文本框、密码框等,通过type属性值进行设置。

61

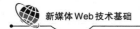

type 属性值与其功能如下：text——文本框、password——密码框、radio——单选框、checkbox——复选框、file——文件、hidden——隐藏控件、button——按钮、image——图像按钮、submit——提交按钮、reset——复位按钮。当 type 值为 image 即图像按钮时，需要同时用 src 属性值来指定图像 URL 地址。name 属性用于指定控件名称，该值用于服务器端获取提交数据的字段名称，value 属性用于指定初始值。

例 2-15：

```html
<html>
    <head>
        <title>表单</title>
        <meta charset="utf-8">
    </head>
    <body>
        <form action="/user/adduser.php" method="post">
            姓：<input type="text" name="lastname"><br>
            名：<input type="text" name="firstname"><br>
            电子邮件：<input type="text" name="email"><br>
            <input type="radio" name="sex" value="male"> 男<br>
            <input type="radio" name="sex" value="female"> 女<br>
            <input type="submit" value="提交"> <input type="reset" value="重置">
        </form>
    </body>
</html>
```

将文件存为 2-input.html，其效果如图 2-17 中所示。

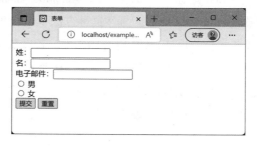

图 2-17　表单效果图

上例中的"电子邮件"数据项中，用户必须输入一个正确的电子邮件才有意义。为了保证用户输入的是正确的邮件地址,在处理数据之前必须对其格式进行验证,这就是表单验证。表单验证有客户端验证和服务器端验证两个方面。客户端验证就是在浏览器端输入数据或者提交时对数据进行验证,不合法的数据无法提交到服务器端。服务器端验证是指服务器端程序在收到客户端提交的数据之后进行的验证,如果有不合法的数据应返回浏览器端让用户重新输入并提交。

在HTML5之前,客户端的表单验证用JavaScript程序来实现,即在输入或者提交时,用JavaScript代码对各个数据项的格式进行判断,不合法的数据给出提示并阻止提交。在HTML5中提供了一系列新的type属性值,这些类型可以直接由浏览器实现验证。这样就不需要再对常见数据类型进行表单验证了。这些新的type属性值是:datetime——包含有年月日时分秒的时间、date——包含年月日的时日期、month——月、week——周数、time——包含时分秒的时间、number——数字、range——指定某范围的值、email——电子邮件、url——URL地址。在HTML5中,上例中的电子邮件行可以改为:

电子邮件: `<input type="email" name="email"><br>`

修改后其效果如图 2-18 所示,当输入无效电子邮件地址时,会出现红色提示框,并给出相应提示。

图2-18　HTML5实现表单验证

3.SELECT元素

SELECT元素用于创建选项菜单,选择时会弹出一个菜单,从给定的菜单选项中选择所需要的条目,每个选项用OPTION元素描述。其功能与单选框或者复选框很相似,都是从给定条目中选择,也可以实现单选或者多选。但选项菜单的选项条目以下拉菜单方式显示出来,这样比单选框或者复选框更节约空间,且选项菜单的选项会以滚动条方式列出,因此更适合选项条目比较多的情况。

SELECT元素的主要属性有name、size和multiple,分别指定名称,同时显示条目数以及是否允许多选。注意multiple是布尔属性,无属性值,只需要属性名出现即可。

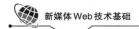

与 SELECT 元素一起使用的 OPTION 元素给定选项条目,其结束标记是可选的。OPTION 的主要属性有 name、value、selected,分别指定选项名称、该选项值以及是否默认选中,selected 属性也是布尔属性,使用方法与 multiple 相同。

例 2-16:

```
<html>
    <head>
        <title>表单</title>
        <meta charset="utf-8">
    </head>
    <body>
        <form action="/user/profile.php" method="post">
            爱好:<br>
            <select name="hobby">
                <option value="soccer">足球
                <option value="pingpang" selected>乒乓球
                <option value="badminton">羽毛球
                <option value="basketball">篮球
                <option value="running">跑步
            </select>
        </form>
    </body>
</html>
```

4.TEXTAREA 元素

使用 INPUT 元素并设置其 type 属性为 text 时可以输入文本内容,但只能输入少量单行文本。TEXTAREA 元素即多行文本框,可以输入多行文本,且可以输入大量文本内容。

TEXTAREA 元素的结束标记</textarea>不可省略,起始标记与结束标记之间的文本内容为默认文本内容。TEXTAREA 的主要属性有 name、rows、cols、readonly,分别指定文本框名称、文本框行数、文本框列数以及是否只读。readonly 是布尔属性,没有属性值,如果包含该属性则文本框内容是只读的。

例如:

```
<textarea name="comment" rows="5" cols="60">请在此输入评论内容
</textarea>
```

上面的例子创建了一个5行、60列的文本区域。

二、多媒体元素

最初网页中主要是文字、图片等内容,随着Web技术的发展以及用户对更多形式内容的需求,网页中除了文字、图片外,声音、动画、视频等多媒体内容越来越多。例如用动画显示的动态广告、网页小游戏、网页中播放视频等,甚至出现了腾讯、优酷等主要内容为视频的网站。本节中我们首先了解一下主要的动画、音频、视频类型,然后掌握如何在网页中使用这些多媒体内容。

(一)Web页中的多媒体技术

在网页流行之前已经出现了动画、音频、视频格式,但这些格式并不是为了在浏览器中直接使用而设计的,因此网页中的多媒体使用经历了一个发展过程,各种新的Web动画、音视频技术不断出现。

●基于GIF的光栅动画格式。如第二章第三节中所述GIF可以实现动画,但它只是简单地将多张图片以一定时间间隔轮换播放,并不能包含声音、互动等功能,主要用于Banner广告。GIF动画以图片形式应用到网页中。

●以Flash为代表的矢量动画格式。1996年Macromedia公司[①]推出了名为Flash的矢量动画技术。通过给浏览器安装一个Flash播放器插件即可播放由Flash制作软件制作的矢量动画文件。因其生成的动画文件小、功能强大,一经出现就开始在网页中流行起来。后来又不断加入对各种音频、视频格式的支持,以及可以通过脚本语言进行动画控制的能力,使其成为动画、视频播放的主流格式。但随着Apple等公司对这种格式的摒弃,以及HTML5对动画的原生支持,Flash技术正在逐渐被HTML5中的多媒体功能所替代。

●用播放器播放音频、视频内容。在HTML5之前,对于音频、视频的支持通过OBJECT元素来描述的,需要安装播放器或者浏览器插件才可实现播放。例如要在网页中播放QuickTime格式的视频,需要安装QuickTime播放器。

●JavaScript技术实现动画。随着网页中JavaScript等技术的成熟,通过JavaScript库

---

① Macromedia公司现在已经被Adobe公司收购。

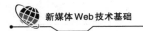

操作网页中的对象,也可以实现各种动画效果,例如流行的基于 JavaScript 的 jQuery 库可以实现网页中内容的移动、旋转、隐现等各种动画效果。

(二)OBJECT 和 PARAM 元素

在 HTML5 之前的动画、视频、音频等多媒体支持主要通过 OBJECT 元素来描述,该多媒体播放所需要的参数通过 PARAM 元素来指定。OBJECT 元素的主要属性如表 2-12 所示。

表 2-12   OBJECT 元素主要属性

属性名称	取值类型	功能与说明
classid	URI	指定对象实现的位置,根据对象类型的不同,可以与 data 属性一起使用或者代替 data 属性。
codebase	URI	指定 classid、data 等属性 URL 地址的基准路径,不指定则以当前 HTML 文档为基准。
codetype	content-type	指定 classid 下载对象的数据类型,不如指定则与 type 同。
data	URI	指定对象数据的位置。
type	content-type	指定 data 属性的数据类型。
width	像素数或百分比	对象宽度。
height	像素数或百分比	对象高度。

PARAM 元素是 OBJECT 元素的子元素,用于指定多媒体对象所需要的参数。主要属性有 name 和 value,分别指定属性名称与属性值。

例如要将一个名为"myflashmovie.swf"的文件插入到 Web 页中可以用如下代码:

```
<object classid="clsid:d27cdb6e-ae6d-11cf-96b8-444553540000" codebase= "http://
download. macromedia. com/pub/shockwave/cabs/flash/swflash. cab#version=8, 0, 0" width="
550" height="400" id="mymoviename">
    <param name="movie" value="myflashmovie.swf">
    <param name="quality" value="high">
    <param name="bgcolor" value="#ffffff">
</object>
```

其中"clsid:d27cdb6e-ae6d-11cf-96b8-444553540000"是 flash 的 classid 号。在 Windows 系统上每个对象的 id 号是唯一的,不同的插件对象有不同的 id 编号,这是 Windows 中的一种组件机制。"name"属性为 movie 的 param 其值为"myflashmovie.swf",指定了 flash 播放插件所需要的文件。另外,为了保持其他系统平台上的浏览器的兼容性,可以在"</

object>"之前加入：

```
<embed src="myflashmovie.swf" quality="high" bgcolor="#ffffff"width="550" height="
400"
name="mymoviename" type="application/x-shockwave-flash"
pluginspage="http://www.macromedia.com/go/getflashplayer">
</embed>
```

其中EMBED是HTML5中引入的一个新标记，这样为不同系统之间使用一种对象提供了兼容方案。

显然以上方法插入Flash对象过于烦琐，可以借用相关的JavaScript插件来实现。

例2-17：

```
<! DOCTYPE html>
<html>
    <head>
        <title>利用Javascript插件在网页中插入Flash</title>
        <script src="http://ajax.googleapis.com/ajax/libs/swfobject/2.2/swfobject.js"></
script>
        <script type="text/javascript">
swfobject.embedSWF("myflashmovie.swf","myflashmovie", "550", "400", "8.0.0");
        </script>
    </head>
    <body>
        <div id="myflashmovie">Flash会出现在此处。</div>
    </body>
</html>
```

上例中的DIV标记用于占位，并指定id号为myflashmovie。在head中先加载swfobject.js插件，然后调用其swfobject.embedSWF函数来创建FLASH插件对象。

（三）HTML5中的多媒体

HTML5中一个重要的新功能是对图形、声音、动画、视频等多媒体信息提供了原生支持。支持HTM5标准的浏览器可以不再借助第三方插件即可直接显示、播放这些多媒体内容。

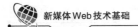

1.CANVAS 元素

在 HTML5 中增加了一个 CANVAS 元素,该元素在浏览器窗口中划分出一块可视区域作为画布,利用 JavaScript 脚本程序在该画布中绘制矢量图形,也可以实现较为简单的矢量动画功能。

例 2-18:

```
<!  DOCTYPE HTML>
<html>
    <head>
        <title>在 HTML5 中利用 CANVAS 绘制图形</title>
<meta charset="utf-8">
        <style>
            #mycanvas{
                border:1px solid red;
            }
        </style>
    </head>
    <body>
        <canvas id="mycanvas" width="200" height="200"></canvas>
        <script>
            var canvas = document.getElementById("mycanvas");
            var ctx = canvas.getContext("2d");
            ctx.fillStyle="#FF0000";
            ctx.fillRect(0,0,150,75);
        </script>
    </body>
</html>
```

其效果如图 2-19 中所示。

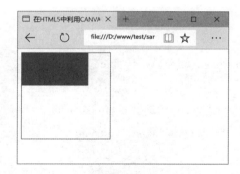

图 2-19　利用 CANVAS 绘图

2.SVG 元素

SVG 即 Scalable Vector Graphics（可缩放矢量图）的缩写，是一种基于 XML 格式用于描述二维图像的作图语言，该标准是由万维网联盟制定的。在 HTML5 中提供了 SVG 元素，可以在网页中描述出高质量的矢量图形。

例如用 SVG 代码绘制了一个圆，圆心坐标为（100，50），半径为 40，并用红色填充：

```
<svg width="100%" height="100%" version="1.1"
xmlns="http://www.w3.org/2000/svg">
<circle cx="100" cy="50" r="40" stroke="black" stroke-width="2" fill="red" />
</svg>
```

3.AUDIO、VIDEO 元素

HTML5 提供了对音频、视频的直接支持。在 HTML5 中有 AUDIO 和 VIDEO 两个元素，用于描述音频和视频，这些音频和视频不再需要额外的播放器或者插件即可由浏览器直接播放，大大提高了网页对不同平台的支持。当然这需要浏览器的支持，当前各浏览器对音频、视频格式的支持较为有限，当前主要有 Ogg、以 H.264 编码的 MP4 文件、以 VP8 编码的 WebM 文件等。

例 2-19：

```
<! DOCTYPE HTML>
<html>
    <head>
        <title>HTML5 中的音频、视频</title>
        <meta charset="utf-8">
    </head>
```

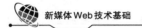

```
    <body>
     <audio controls="controls">
         <source src="audio.mp3" type="audio/mpeg">
     </audio>
     <video width="320" height="240" controls="controls">
         <source src="video.mp4" type="video/mp4">
     </video>
     </body>
  </html>
```

三、创建框架

通常一个浏览器窗口中可以显示一个页面,而一个页面对应于一个HTML文件。但有时为了浏览方便,需要将多个页面同时在一个页面中显示。例如在制作一本电子书时,先将每章内容放置在不同的HTML文件中,然后将目录放置在一个新的HTML文件中,链接到各章。不使用框架时,需从目录跳转到各章页面,看完每章后必须回到目录页面,然后再进入其他章。这样就会在不同文件间来回跳转,造成混乱。为了避免这种情况发生,可以将浏览器窗口分割为多个区域,在每个区域中显示一个网页文件,并且可以指定链接在哪个区域中打开,这就是框架。

创建框架需要用到的元素主要有 FRAMESET 和 FRAME,如表 2-13 中所示。用FREAMESET 划分框架集,把窗口分割为不同的列数或者行数,每行或者每列由 FRMAE指定要显示的网页内容。也可以将框架集中的某行或者某列用 FRAMESET 继续划分为多个子行或者子列,这就是框架嵌套。注意 FRAME 标记没有结束标记。

表2-13　实现框架的主要元素及属性

元素	属性	备注
FRAMESET	cols	指定框架列数。其值为百分比、像素数或者"*",百分比值表示该框架宽度占据窗口百分比,像素值表示像素数,而"*"表示剩余的所有空间。如果有多列,用","分隔。
	rows	指定框架行数。取值规则与 cols 同。
FRAME	src	指定在该框架中显示的 HTML 文件 URL 地址。
	scrolling	yes、no、auto 中某一个,分别表示有滚动条、无滚动条、根据内容自动出现或消失滚动条。默认为 auto。

高50像素,名称为head,显示header.html,不允许出现滚动条。	
宽20%,名称为left显示content.html	占据剩下的所有宽度,名称为main。

图2-20 一个框架划分设计

例如要实现如图2-20所示的框架,其框架集代码,例子2-20(a):

```
<! DOCTYPE HTML>
<html>
    <head>
        <title>框架集</title>
        <meta charset="utf-8">
    </head>
        <frameset rows="50,*">
            <frame name="head" src="header.html" scrolling="no">
            <frameset cols="20%,*">
                <frame name="left" src="content.html">
                <frame name="main">
            </frameset>
        </frameset>
</html>
```

框架不但可以让多个页面在同一窗口中显示,更为重要的是由于框架集中给每个框架都指定了名称,因此框架集HTML代码中链接target属性的可以指定一个目标框架名称,这样就会在指定的框架中显示链接。例如左侧框架中的content.html中的内容可以像例2-20(b):

```
<! DOCTYPE HTML>
<html>
    <head>
        <title>框架集</title>
        <meta charset="utf-8">
    </head>
    <body>
        目录<br>
```

```
        <a href="ch1.html" target="main">第一章</a><br>

        <a href="ch2.html" target="main">第二章</a><br>

        <a href="ch3.html" target="main">第三章</a><br>

        <a href="ch4.html" target="main">第四章</a><br>

        ....

    </body>

</html>
```

注意其中的target属性值为图2-20框架集中右下角框架的名称。这样当点击左侧框架中的链接时,就会在右侧框架中显示目标内容。

除了用FRAMESET描述的框架集外,还有一种形式的框架被称为内联框架(Inline Frame)。与框架集将窗口分割为行列形式的区域不同的是,内联框架可以在一个正常的网页中切割出一个矩形区域并显示另外一个网页文件。例如有时为了在窗口中显示较多内容,而又不希望整体页面被破坏,用内联框架就比较合适了。

表2-14　内联框架主要属性

属性	备注
width	指定内联框架宽度。
height	指定内容框架调度。
src	指定在该框架中显示的HTML文件URL地址。
scrolling	yes、no、auto中某一个,分别表示有滚动条、无滚动条、根据内容自动出现或消失滚动条。默认为auto。

例2-21:

```
<!  DOCTYPE HTML>

<html>

    <head>

        <title>内联框架</title>

        <meta charset="utf-8">

    </head>

    <body>

        目录<br>

        <a href="ch1.html" target="detail">第一章</a><br>

        <a href="ch2.html" target="detail">第二章</a><br>

        <a href="ch3.html" target="detail">第三章</a><br>
```

```
        <a href="ch4.html" target="detail">第四章</a><br>
        ....
        <iframe name="detail" width="550" height="300" src="">
    </body>
</html>
```

保存该文件,并创建对应链接,如ch1.html等。最后得到如图2-21所示的内联框架效果图。

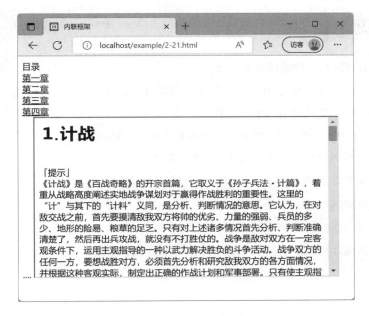

图2-21　内联框架效果图

🎙 知识回顾

本章讲述了Web页面的基本语言HTML语言的语法,HTML标记的使用方法。

HTML(Hypertext Markup Language)即超文本描述语言,用于描述页面内容,最新版本为HTML5。HTML由标记、属性以及描述的内容等部分组成。HMTL中的一些特殊字符通过字符参考来表示,HMTL的颜色可以用颜色名称和颜色代码两种方法来表达,HMTL的长度可以用绝对和相对两种形式。

HTML文档结构标主要包括HTML、HEAD、TITLE、META、BODY等,这些标记描述的内容并不是页面中显示的信息,而是用于描述页面的全局信息。

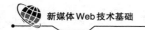

HTML页面内容标记主要包括文本相关标记包括段落标记、结构化文本标记、文本格式标记等。网页中图像使用要注意图像格式、图像文件大小等问题,其标记为IMG。网页中链接标标记为A,要注意相链接和绝对链接的正确使用。表格相关标记主要有TABLE、TR、TD等。列表包括有序列表、无序列表和定义列表等,其标记主要包括:OL、UL、LI等。表单用于向服务器提交内容,其标记主要包括:FORM、INPUT、SELECT、TEXTAREA等。

复习思考题

1.什么HTML? 其功能特点是什么?

2.网页中的固定宽度与相对宽度各自使用场合是什么?

3.请书写一个简单的HTML网页代码。

4.什么HTML5? 相对于HTML,其功能改进主要有哪些?

5.网页中的图片格式主要有哪些,各有何特点?

6.什么是绝对路径和相对路径,各自使用场合是什么?

7.表单数据的处理流程是怎样的?

8.框架与内联框架有何异同?

9.你会其他计算机语言吗? 谈谈HTML与其有什么不同?

第三章　CSS 基础

📍 知识目标

☆ 掌握 CSS 的基本概念及其基本语法。

☆ 掌握 CSS 中对颜色、长度单位的表述。

☆ 理解 CSS 盒子模型、可视化模型的概念。

☆ 掌握样式表选择器的类型及其各自使用方法。

☆ 掌握重要 CSS 属性的使用方法，以及用 CSS 实现一些常见的页面效果。

📱 能力目标

1.会用代码编辑器编写 CSS 代码。

2.掌握 CSS 引用的三种方法。

3.会用 CSS 实现常见版面布局。

4.理解本章案例，并能适当修改与调整。

🔍 **思维导图**

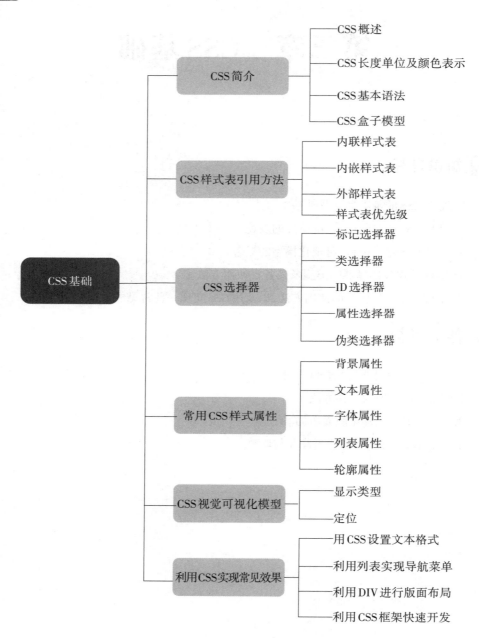

第一节　CSS简介

一、CSS概述

HTML 标记最初被设计为用于定义文档内容及样式。例如使用 \<h1\>、\<p\>、\<table\> 这样的标记表达"标题""段落""表格"之类内容信息。而内容信息的修饰美化,通过一些特殊标记和标记的属性来完成。因此标记在 HTML 页面中,不仅包括网页内容,还包括修饰美化网页内容,这样会导致网页内容与样式的混杂。使用标签修饰网页内容不利于内容与表现相分离,制作成本较大,不利于后期的维护与扩展。

那么能否使用一套完整的修饰美化技术对网页内容进行修饰,且独立于标签,从而使内容与样式相分离呢? 为了解决这个问题,万维网联盟(W3C)提出了 CSS 标准,并于 1996 年推出了第一个 CSS 版本(Cascading Style Sheets, Level 1)。

CSS[①]是 Cascading style sheets 的缩写,译为层叠样式表或者级联样式表,是一种格式化网页的标准方式,它扩展了 HTLML 的功能,使网页设计者能够以更有效的方式设置网页格式。

CSS 样式表的功能是用于修饰 HTML 内容,定义 HTML 种各标记的外观,如颜色、字体、边框、位置等。样式表中丰富的属性能对页面元素进行各种修饰和美化,可以实现更加绚烂多彩的网页效果。当要修改网页风格时,只需要修改其样式表即可,不需要更改 HTML 代码,这样便于网页风格的切换。另外,同一个样式也可以应用到不同的页面中,从而使这些页面保持统一的风格。以百度首页为例,没有使用 CSS 的效果如图 3-1 所示,使用 CSS 修饰后的效果如图 3-2 所示。

1998 年 W3C 发表了 CSS Level 2,引入了绝对、相对定位的概念,可以将网页中的对象放置于页面指定位置。另外还引入了媒体型的概念,实现了一个网页针对不同的媒体编写不同的样式表。例如可以实现在显示器和打印机上得到不同的效果,可以将一些用于鼠标操作的按钮在打印时进行屏蔽,得到更为正式的打印文档。

现在 CSS Level 3 正在成为主流标准,在 CSS 3 中引入了圆角、渐变色、旋转、分栏等很多新功能,可以很容易实现一些特殊效果。另外,CSS 3 标准不再是一个独立的文件,而是将标准拆分为很多小的标准模块独立发布,比如选择器模块、字体模块、颜色模块

---

① CSS 标准可以从地址 https://www.w3.org/Style/CSS/获取。

77

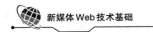

等。这样拆分后大大提高了标准发布的灵活性。下一代 CSS 标准即 CSS Level 4 标准也正在制定中。

图 3-1　无 css 样式的页面

图 3-2　有 css 样式的页面

与 HTML 标记进行页面修饰相比,使用 CSS 样式表主要有以下优势:

●内容与表现分离。使用 CSS 样式表,可以真正做到网页内容与修饰美化的分离。我们在制作网页时,只需要通过标记组织内容,然后通过 CSS 修饰页面内容,CSS 修饰的部分无须耦合在标记中。内容与表现相分离,有利于网站的后期维护和改版。

●丰富的修饰样式。在 CSS 样式表中,提供了丰富的属性与各种取值,使用样式表能对网页内容进行各种修饰。在 CSS 中提供了对文本、背景、列表、超链接、元素边框以及元素边距等进行修饰的各种样式。可以实现各种复杂,精美的页面效果。

●实现样式复用,提高开发效率。同一个网站的多个页面,可以使用同一个样式;同一个页面中的多个标签,也可以使用同一个样式,这不仅提高了网站的开发效率,同时也方便了对网站的更新和维护。如果需要更新网站外观,则更新网站样式表即可。

●实现页面的精确控制。CSS样式具有强大的样式表现能力和排版布局能力,通过各种选择器对页面元素进行选择,然后对其颜色、边框、位置、大小等进行精确设定。例如在CSS中引入了一系列新的长度单位、颜色表示等,大大提高了页面元素的定位能力。另外,通过引入盒子模型以提高页面元素的定位与布局。

例3-1:

```
<! DOCTYPE HTML>
<html>
    <head>
        <title>样式表例子</title>
        <meta charset="utf-8">
        <style>
            p{
                font-size:16pt;
                text-indent:2em;
            }
            .right{
                text-align:right;
            }
        </style>
    </head>
    <body>
        <p>一个段落由一个或者多个句子组成,这些句子表达了一个主题思想。
要注意的是一个段落在格式上会另起一行,段落与段落间有段前空与段后空,会比段落
内内部的文本间隔更大。
        <p>对于中文段落内容,还有一个问题需要解决,就是每个段落首行缩近
两个字符。这可以用两种方法来实现,一种是在首行添加字符参考" &nbps;"来
代替空格。
        <p>换行用&lt;br>来实现,而不要用&lt;p&gt;。
        <p>利用align属性可以对段落文本进行对齐。
        <br>
        <br>
```

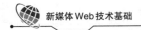

```
        <p class="right">日期<br>
        2015年7月9日
        </body>
    </html>
```

这是第二章中段落的一个例子,现在我们加入了样式表。注意<style>标记中的内容,可以看到样式表主要由一些属性组成,例如 font-size 定义了字体大小,text-indent 定义了文本缩进等。

二、CSS 长度单位及颜色表示

CSS 中为了能更精确地对属性进行控制,对 HTML 中的长度、颜色等相关单位及表示方法进行了扩充。

(一)CSS 长度单位

在 HTML 中的长度单位主要有像素及百分比两种,在 CSS 中也兼容这两中长度单位,同时还引入了更多的长度单位,如表 3-1 中所示。

其中 pc、pt、em、ex 通常用于表示字体大小。常见的正文字体大小约为9pt。em 与 ex 是相对字体大小,分别相对于 m 字母的宽度和 x 字母的高度。虽然这里是用英文字母 m 或者 x 来参考,但对于方块汉字 em 与 ex 都是指一个字符大小。例如中文段落首行需要往后退两格,我们可以用 em 来指定,而不推荐用 pt、mm 之类的绝对单位。例如段落首行缩进:

```
P{
    text-indent:2em;
}
```

使用绝对单位时,当正文字体变大或者变小后,则需要更缩进值,而 em 仍然可以正常显示。

表3-1　CSS中的长度单位

cm	Centimeter,厘米
em	当前字体中 m 字母的宽度
ex	当前字体中 x 字母的高度
in	Inch,英寸
mm	Millimeter,毫米

续表

cm	Centimeter,厘米
pc	Picas,皮卡,1pc=12pt
pt	Point,点,1pt=1/72英寸
px	Pixel,像素

cm、mm、in、px等用于表示长度单位,in在西方较为常见。在CSS中的长度值后没有单位时会被认为单位是px,即默认的长度单位是px。在CSS为了清晰明了,即使是像素也应标明单位。

百分比单位也是一种相对单位,除了可以用于表示占据容器的比例外,也可以用于表示行距、字段大小等多种属性中。例如行间距设为1.5倍:

```
P{
    line-height:150%;
}
```

(二)CSS颜色表示

CSS兼容HTML中的颜色表示方法,即颜色名的方法和"#RRGGBB"方法。此外,还引入了更多的颜色表示方法。CSS中的颜色表示方法包括:

●颜色名。直接使用标准颜色名称。

●#RRGGBB。用红、绿、蓝颜色成分来表示颜色,每个颜色成分由2位十六进制数组成,即每种颜色成分分为256级层次。

●#RGB。同样是红、绿、蓝颜色成分,但每种成分只有一位十六进制数,即每种颜色成分分为16级层次。

●rgb(rrr,ggg,bbb)。以函数形式表示一种颜色,同样由红、绿、蓝成分组成。需要注意的是rrr、ggg、bbb是十进制数,取值范围为0~255。

●rgb(rrr%,ggg%,bbb%)。同样是函数形式,但红、绿、蓝颜色成分以百分比表示。三种颜色成分之和为100%。

在CSS中可以根据需要选定相应的颜色表示方法,通常使用与HTML兼容的"#RRGGBB"的格式。

三、CSS基本语法

样式表由样式规则组成,这些规则告知浏览器如何显示HTML文档。样式(style)由

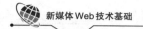

选择器、属性、属性值三部分构成。

层叠样式表通常用<style>标签来声明样式规则,即告诉浏览器如何显示页面中的各类元素,其基本结构如下:

```
<style type="text/css">
  选择器{
          属性1:属性值1;
          属性2:属性值2;
          ……
  }
</style>
```

其中选择器(selector)指明要被修饰的对象,如页面中被修饰的段落p、列表li等。如果要对多个选择对象设置相同的属性,可以将这些选择器写在一起,用","分隔即可。属性是希望改变的样式,如颜色color、字体大写font-size。属性和属性值要用冒号":"连接,每条属性以";"结束。注意在HTML中属性与属性值是用"="连接的。

例如要将页面中所有段落的文字颜色设置为红色、字体大小设置为15px、字体类型为"微软雅黑",其对应的样式规则为:

```
<style type="text/css">
P{
    color:red;
    font-size:15px;
    font-family:微软雅黑;
}
</style>
```

四、CSS盒子模型

HTML中的每个可见元素都会在一个矩形框中呈现,这个矩形框就是盒子(Box)。CSS中对这些盒子的尺寸、位置、边框等定义所采用的模型叫盒子模型(Box Model,或框模型)。盒子模型中规定了元素内容(element content)、内边距(padding)、边框(border)和外边距(margin)的方式。在网页中(特别是布局时),CSS盒子模型无处不在。CSS中的盒子模型如图3-3所示。

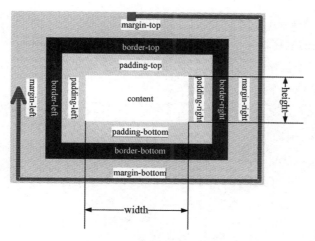

CSS中的盒子模型和生活中的盒子类似,内容(content)就是盒子中装的东西,而填充(padding)则是因为担心盒子中所装的东西(贵重的)损坏而添加的泡沫,边框(border)就是盒子本身,至于边界(margin)则指盒子与其他盒子之间的距离。在网页设计上内容常指图片、文字等元素,也可以是小盒子(嵌套的HTML元素);内空是指内容与盒子边框之间的填充宽度,边框是指盒子的外围;还有边框颜色,边框宽度等属性;外空是指HTML元素(盒子)与其他元素之间的距离。

盒子模型中一些重要属性如表3-2中所示。

表3-2　盒子模型主要属性

margin-top margin-right margin-bottom margin-left	外空,包括上、右、下、左4面。
border-top border-right border-bottom border-left	边框,包括上、右、下、左4面,还包括color、style、width三种特性。如border-top-width、border-left-style等。
padding-top padding-right padding-bottom padding-left	内空,包括上、右、下、左4面。
content	内容。

在盒子模型中,属性有上、右、下、左四个面,可以分别指定。但有时候为了书写方

便，也可以简化书写，用 margin、border、padding 代替。此时如果提供全部参数值，将按上—右—下—左的顺序作用于四个边框。如果只提供一个，将用于全部的四条边。如果提供两个，第一个用于上—下，第二个用于左—右。如果提供三个，第一个用于上，第二个用于左—右，第三个用于下。例如：

```
P{
    margin-top: 1px;
    margin-right: 1px;
    margin-bottom: 1px;
    margin-left: 1px;
}
```

等价于：

```
P{
    margin:1px;
}
```

(一)边框(border)

元素的边框是围绕元素内容和内边距的一条或多条线。边框(border)属性可以设置元素边框的样式、宽度和颜色。

例3-2：

```
<! DOCTYPE html>
<html xmlns="http://www.w3.org/1999/xhtml">
<head>
<meta http-equiv="Content-Type" content="text/html; charset=utf-8"/>
    <title>盒子模型</title>
    <style type="text/css">
        /*设置层的样式*/
        #top {
            border-style:dashed; /*设置层边框样式为虚线*/
            border-color:#CCC; /*设置层边框颜色为灰色*/
            border-width:3px; /*设置层边框宽度为3px*/
        }
```

```
        /*设置搜索输入框的样式*/
        .SearchBox {
            width:300px;
            height:23px;
            border:1px solid black; /*同时设置上、右、下、左边框的宽度、样式、颜色*/
        }
    </style>
    </head>
    <body>
    <div id="top">
        宝贝搜索:<input type="text" name="search" class="SearchBox"/> <input type=
"button" value="搜索" />
    </div>
    </body>
    </html>
```

其效果如图 3-4 所示。

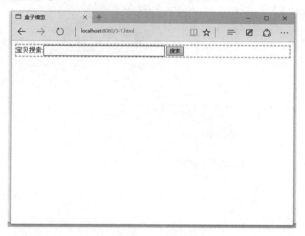

图3-4　边框样式的使用

(二)填充(padding)

元素的填充也称为内空、内边距,指元素内容与边框的距离。填充分为上、下、左、右四个方向。下面我们修改前面示例的代码,为页面中的div添加填充,上边距为50px;

85

左边距为200px。

例3-3：

```
<! DOCTYPE html>
<html xmlns="http://www.w3.org/1999/xhtml">
<head>
<meta http-equiv="Content-Type" content="text/html; charset=utf-8"/>
    <title>盒子模型</title>
    <style type="text/css">
      /*设置层的样式*/
      #top {
        border-style:dashed;
        border-color:#CCC;
        border-width:3px;
        padding-top:50px;
        padding-left:200px;
      }
      /*设置搜索输入框的样式*/
      .SearchBox {
        width:300px;
        height:23px;
/*同时设置上、右、下、左边框的宽度、样式、颜色*/
        border:1px solid black;
      }
    </style>
</head>
<body>
    <div id="top">
        宝贝搜索：<input type="text" name="search" class="SearchBox"/> <input type=
"button" value="搜索" />
    </div>
</body>
```

```
</html>
```

其效果如图 3-5 所示。

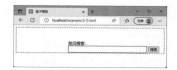

图3-5　填充的使用

(三)外空(margin)

外空是指页面中元素与元素之间的间隔,margin 也分为上、下、左、右是个方向。下面我们在页面中添加上下两个层 div,他们的高度分别为 100px;边框宽度为 2px 的黑色实线,元素宽度为默认值。

例3-4:

```
<! DOCTYPE html>
<html xmlns="http://www.w3.org/1999/xhtml">
<head>
<meta http-equiv="Content-Type" content="text/html; charset=utf-8"/>
    <title>盒子模型</title>
    <style type="text/css">
      /*设置层的样式*/
      #top {
        height:100px;
        border:2px solid black;
        margin-bottom:50px;
      }
      #footer {
        height:100px;
        border:2px solid black;
        margin-top:70px;
      }
    </style>
</head>
```

```
<body>
  <div id="top">
    上面的层
  </div>
  <div id="footer">
    下面的层
  </div>
</body>
</html>
```

其效果如图 3-6所示：

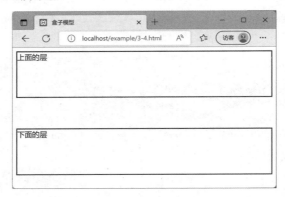

图 3-6　外空的使用

（四）宽（width）和高（height）

在 HTML 中通过 width 和 height 属性分别设置元素内容的宽度和高度，通常只有块级元素才能通过设置 width 和 height 来改变大小，行内（inline，内联）元素的宽度与高度由内容自身的大小来决定。设置 width 和 height 对行内显示的元素没有作用，除非将行内元素设置为以块级方式显示。

例3-5：

```
<! DOCTYPE html>
<html xmlns="http://www.w3.org/1999/xhtml">
<head>
<meta http-equiv="Content-Type" content="text/html ; charset=utf-8"/>
  <title>盒子模型的 width 和 height</title>
```

```
<style type="text/css">
    body {
        font:20px "微软雅黑";
    }
    /*设置行内元素的宽度和高度*/
    #box1 {
        width:300px;
        height:200px;
        border:2px solid blue;
    }
    /*设置块级元素的宽度和高度*/
    #box2 {
        width:300px;
        height:200px;
        border:2px solid red;
        margin-top:5px;
    }
</style>
</head>
<body>
    <span id="box1">行内元素</span>
    <div id="box2">块级元素</div>
</body>
</html>
```

其效果如图 3-7 所示。我们可以看到,行内元素虽然设置了宽度与高度,但是未产生任何作用,而块级元素产生了需要的效果。

图3-7　元素的宽度与高度

需要注意的是在CSS标准中,描述盒子对象大小width和height两个属性,仅仅指内容本身大小,并不包括内空和边框等宽度。但一些浏览器在执行该标准时会有一些差异,例如IE浏览器中width和height包括了padding和border宽度。这些差异有可能造成在不同浏览器中浏览时布局的错位。

第二节　CSS样式表引用方法

样式可写在页面head标记内的style标记中,这些样式属性会对页面中的相应元素进行设置,把这种引用方法称为内嵌样式。内嵌样式表的作用范围是整个HTML页面。

除了使用内嵌样式外,样式的使用还有内联样式(inline)和外部样式。下面分别对这三种引用方法进行讲解。

一、内联样式表

内联样式表即是在HTML中的标记中添加style属性,在style属性值中进行样式定义,其作用范围仅限于当前标记。其使用语法如下:

```
<标记 style="样式属性:属性值;">……</标记>
```

内联样式通常用于对页面中某个元素进行单独设置。例如:有一段文本内容需要强调突出显示,可在该段落标记P中添加style属性。

例如:

```
<p style="color:red;font-size:30px;font-family:黑体;">使用行内样式的段落</p>
<p>本段落内空不会受到影响</p>
```

该内联样式设置了段落的颜色、字体大小、字体样式等。

二、内嵌样式表

内嵌样式表在<head>标记中用<style>标记定义。如果希望对本网页的某些标签采用统一样式,则应采用内嵌样式。内嵌样式表格式如下:

```
<head>
  <style type="text/css">
选择器{
```

```
样式属性:属性值;
样式属性:属性值;
……
}
</style>
</head>
```

其中"<style>"表示样式开始,"</style>"表示样式结束。"text/css"表示该样式为CSS样式。内嵌样式表作用范围为整个页面,可以让整个页面保持风格的统一。前面很多例子采用的是内嵌样式表的使用方法。

三、外部样式表

外部样式表将样式放置在独立的样式表文件中,然后在需要引用该样式表的网页head标记中用link标记引入。其作用范围可以扩展到整个网站。如果希望多个页面甚至整个网站所有的页面均采用统一的风格,外部样式表将是理想的选择。根据样式文件与网页的关联方式,外部样式表有两种使用方式:一种为链接外部样式表,一种为导入样式表。

(一)链接外部样式表

链接外部样式表是指通过HTML的link标记链接样式表,建立样式文件和网页的关联,其格式如下:

```
<head>
    <link rel="stylesheet" type="text/css" href="mystyle.css">
</head>
```

其中rel="stylesheet"表示在网页中使用该外部样式表,type="text/css"表示文本类型为样式,href="mystyle.css"指定样式文件。样式表文件后缀名为".css"。具体的用法如下:

1.创建外部样式表文件。通常先在网站根目录下创建CSS文件夹,然后在该文件夹中创建mystyle.css样式文件。

mystyle.css文件代码如下,例3-6(a):

```
/*设置标题的样式*/
h2 {
```

```
    background-color:#f8e266;
    font-family:隶书;
}
/*设置段落的样式*/
p {
    font-family:宋体;
    font-size:18px;
    color:#ff00cc;
    background-color:#f8eca4;
}
```

2.创建页面链接样式表。创建页面 page1.html 和 page2.html,并在页面中关联外部样式文件。

```
page1.html 代码,例 3-6(b):
<! DOCTYPE html>
<html xmlns="http://www.w3.org/1999/xhtml">
<head>
<meta http-equiv="Content-Type" content="text/html; charset=utf-8"/>
    <title>中秋节</title>
    <link rel="Stylesheet" href="css/mystyle.css" type="text/css" />
</head>
<body>
    <h2>中秋节</h2>
    <p>
    中秋节是远古天象崇拜——敬月习俗的遗痕。据《周礼·春官》记载,周代已有
"中秋夜迎寒""中秋献良裘""秋分夕月(拜月)"的活动;汉代,又在中秋或立秋之日敬
老、养老,赐以雄粗饼。晋时亦有中秋赏月之举,不过不太普遍。直到唐代将中秋与嫦
娥奔月、吴刚伐桂、玉兔捣药、杨贵妃变月神、唐明皇游月宫等神话故事结合起,使之充
满浪漫色彩,玩月之风方才大兴。
    </p>
</body>
</html>
```

```
page2.html代码,例3-6(c):
<! DOCTYPE html>
<html xmlns="http://www.w3.org/1999/xhtml">
<head>
<meta http-equiv="Content-Type" content="text/html; charset=utf-8"/>
  <title>春节</title>
  <link rel="Stylesheet" href="css/mystyle.css" type="text/css" />
</head>
<body>
  <h2>春节</h2>
  <p>
    春节古时叫"元旦"。"元"者始也,"旦"者晨也,"元旦"即一年的第一个早晨。
《尔雅》,对"年"的注解是:"夏曰岁,商曰祀,周曰年。"自殷商起,把月圆缺一次为一月,
初一为朔,十五为望。每年的开始从正月朔日子夜算起,叫"元旦"或"元日"。到了汉武
帝时,由于"观象授时"的经验越来越丰富,司马迁创造了《太初历》,确定了正月为岁首,
正月初一为新年。此后,农历年的习俗就一直流传下来。
  </p>
</body>
</html>
```

保存页面,在浏览器中预览页面效果。page1.html 的效果如图 3-8 所示,page2.html
的效果如图 3-9 所示

图3-8　外部样式的使用1

图3-9　外部样式的使用2

93

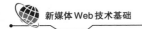

（二）导入样式表

在网页中还可以使用@import方法导入样式表，其格式如下：

```
@import url；
```

其中@import代表导入文件。注意该语句必须处于<style>标记的第一行。例如：

```
<head>
<style type="text/css">
    @import "css/mystyle.css"
</style>
</head>
```

修改前例中相应代码，可以得到相同效果。

四、样式表优先级

在网页设计过程中，常常会发生将多个样式规则应于同一对象的情况，此时系统需要按一定顺序应用他们。在同一种样式表引用方式中，越靠后的规则越具有优先级；当这些属性在不同的样式表引用形式中时，内联样式表具有最高优先级，内嵌样式表和外部样式表则根据属性出现的顺序，后出现的属性优先。

当三种类型的样式都应用到同一对象上时，如果这些属性互不冲突，则进行叠加；如果这些样式冲突，则按优先顺序选择。CSS（Cascading Style Sheets，层叠样式表）中的Cascading意义即在于此。

当样式相互叠加时，即使是最优先的一条规则，也不能确定其最终效果。因为其他地方也可能会修改其属性。因此在CSS中有一条"！important"规则，定义了该条规则的最终样式。

例如：

```
p{
    font-size:24pt！important；
}
```

这条规则为段落的字体做了最终设置，其他地方对段落设置都无效了。"！important"的使用有时候会让样式表变得混乱，因此要慎用。

第三节　　CSS选择器

选择器（selector）是CSS中很重要的概念，用选择器选择出要设置的对象，是进行样式设置的前提。用户需要通过选择器对不同的网页对象进行选择，并赋予其各种样式声明来实现各种效果。

常见的选择器有标记选择器（元素选择器）、类选择器、ID选择器、属性选择器和伪类选择器等。

一、标记选择器

当需要对页面某类标记的内容进行修饰时采用标记选择器，这些标记可以是HTML中<body>标记中的所有标标记。标记选择器只按标记名选择，因此会选中所有该类标记。其语法如下：

```
<style type="text/css">
    标签名{
        属性1:属性值1;
        属性2:属性值2;
        ……
    }
</style>
```

例3-7：

```
<html>
  <head>
    <meta charset="utf-8" />
    <title>通过标记选择对象</title>
    <style type="text/css">
    li{
        color:blue;
        font-size:18px;
        font-family:微软雅黑;
```

```
            }
        </style>
    </head>
<body>
    <div>中国古典长篇小说四大名著包括:
        <ul>
            <li>《水浒传》,作者施耐庵</li>
            <li>《三国演义》,作者罗贯中</li>
            <li>《西游记》,作者吴承恩</li>
            <li>《红楼梦》,作者曹雪芹</li>
        </ul>
    </div>
</body>
</html>
```

效果如图3-10所示。

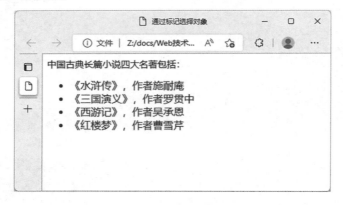

图3-10   标记选择器的使用

本例中的样式表选择器选中了所有项目列表项(<li>),并设置其样式为:字体大小18px,字体颜色为蓝色,字体类型为微软雅黑。

二、类选择器

有时候我们不希望选中指定标记的所有实例,而希望选择个别指定元素时,可以采用类选择器。类选择器通常与标记的class属性结合使用,用于选中有相同类名的所有标签。这样既可以有选择性选中标记的某些实例,也可以选择不同标记的实例,只要他们有相同的类名即可。使用类选择器时,通常先定义类样式,然后为需要的标记添加相应class属性。其用法如下:

```
<style type="text/css">
    .类名{
        属性1:属性值1;
        属性2:属性值2;
        ……
    }
</style>
```

注意选择器中的".",表明这是通过class属性来选择对象。下面修改上一例子,只选择列表项中第一条和第四条新闻,并将其颜色设置为红色。

例3-8:

```
<html>

<head>
    <meta charset="utf-8" />
    <title>类选择器</title>
    <style type="text/css">
        li {
            color: blue;
            font-size: 18px;
            font-family: 微软雅黑;
        }

        .red {
            color: red;
            font-style: italic;
        }
    </style>
</head>
```

```
<body>
    <div>中国古典长篇小说四大名著包括：
      <ul>
        <li><a href="#" class="red">《水浒传》,作者施耐庵</a></li>
        <li><a href="#">《三国演义》,作者罗贯中</a></li>
        <li><a href="#" class="red">《西游记》,作者吴承恩</a></li>
        <li><a href="#">《红楼梦》,作者曹雪芹</a></li>
      </ul>
    </div>
</body>

</html>
```

效果如图 3-11 所示。

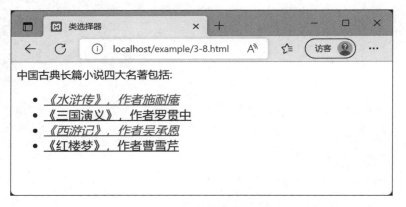

图 3-11　类选择器的使用

　　页面中 li 列表项中的第一条和第四条新闻信息既使用了标记选择器中的样式,同时也运用了类选择器中的样式,最终在有冲突的样式属性中会采用类样式中的属性值,这是因为本例样式表中类选择器的优先级大于标记选择器的优先级。

三、ID 选择器

　　HTML 中的标记几乎都可以设置 ID 属性。ID 属性类似于页面中元素的身份证,HTML 元素的 ID 属性具有唯一性,要求页面内不能有重复的 ID 标识属性。在 CSS 中,也可以通过ID来选择要设置的对象。使用ID选择器时,通常先设置元素的ID属性,然后根据ID值来定义该元素的样式。其用法如下:

```
<style type="text/css">
    #ID(标识名){
        属性1:属性值1;
        属性2:属性值2;
        ……
    }
</style>
```

注意选择器中的"#",表明该选择器通过ID号进行选择。为了突出显示前一例子中的第一条新闻,我们给第一条新闻列表加黄色背景,对应的CSS代码修改如下。

例3-9:

```
<html>
<head>
    <meta charset="utf-8" />
    <title>ID选择器</title>
    <style type="text/css">
        li {
            color: blue;
            font-size: 18px;
            font-family: 微软雅黑;
        }

        .red {
            color: red;
            font-style: italic;
        }
        #highlight {
            background-color: #FFFF00;
        }
    </style>
```

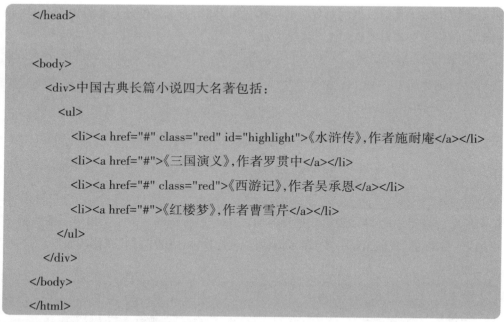

```
    </head>

    <body>
        <div>中国古典长篇小说四大名著包括:
            <ul>
                <li><a href="#" class="red" id="highlight">《水浒传》,作者施耐庵</a></li>
                <li><a href="#">《三国演义》,作者罗贯中</a></li>
                <li><a href="#" class="red">《西游记》,作者吴承恩</a></li>
                <li><a href="#">《红楼梦》,作者曹雪芹</a></li>
            </ul>
        </div>
    </body>
</html>
```

效果如图 3-12所示。

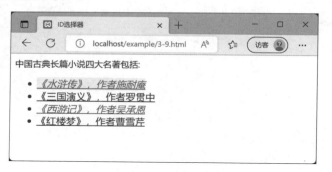

图 3-12   ID选择器的使用

CSS样式允许页面元素同时应用多个样式(即叠加),页面内的元素还可以继承父级元素的样式,页面元素最终的样式即为多种样式的叠加效果。

四、属性选择器

属性选择器是对带有指定属性的 HTML 页面元素设置样式。在 CSS3 中,属性选择器可以只指定元素的某个属性,也可以同时指定元素的某个属性和其对应的属性值。具体属性选择器见表 3-3。

表3-3　属性选择器

选择器	描述
[attribute]	用于选取带有指定属性的元素。
[attribute=value]	用于选取带有指定属性和值的元素。
[attribute~=value]	用于选取属性值中包含指定词汇的元素。
[attribute|=value]	用于选取带有以指定值开头的属性值的元素，该值必须是整个单词。
[attribute^=value]	匹配属性值以指定值开头的每个元素。
[attribute$=value]	匹配属性值以指定值结尾的每个元素。
[attribute*=value]	匹配属性值中包含指定值的每个元素。

例3-10：

```
<! DOCTYPE html>
<html xmlns="http://www.w3.org/1999/xhtml">
<head>
<meta http-equiv="Content-Type" content="text/html; charset=utf-8"/>
  <title>属性选择器</title>
  <style type="text/css">
    input[name="user"] {
      width:100px;
      border:2px solid red;
    }
    input[type="button"] {
      width:60px;
      height:30px;
      margin-right:30px;
      font-size:15px;
      background-color:gray;
    }
  </style>
</head>
<body>
  <form>
```

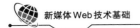

```
        <p><label>姓名:</label><input type="text" name="user-name" id="name" /></p>
        <p><label>密码:</label><input type="password" name="user-pwd" id="pwd" />
</p>
        <p><input type="button" value="登录"/><input type="button" value="取消" /></p>
    </form>
  </body>
</html>
```

效果如图3-13中所示。

图3-13 属性选择器

五、伪类选择器

除了上述选择器外,CSS样式表中还提供了称为伪类(Pseudo-class)和伪元素(Pseudo-elements)的选择器。所谓伪类即修改标记某种行为或状态时的样式,可以对用户与文档交互时的行为做出响应。伪类样式的基本语法如下:

```
标签名:伪类名{
    属性:属性值;
}
```

常用的伪类见表3-4。

表3-4 常见伪类选择器

虚类	示例	含义
a:link	a:link {color: #FF0000}	未单击访问时的超链接样式。
a:visited	a:visited{color: #00FF00}	单击访问后的超链接样式。
a:hover	a:hover {color: #FF00FF}	鼠标悬浮在超链接上的样式。
a:active	a:active {color: #0000FF}	鼠标单击未释放的超链接样式。

:first-line	p:first-line{
	text-transform: uppercase
	}
		改变文本首行内空样式。

:first-letter	p:first-letter{font-size: 3em; }	改变文本首字母样式。

例3-11：

```
<! DOCTYPE html>
<html xmlns="http://www.w3.org/1999/xhtml">
<head>
<meta http-equiv="Content-Type" content="text/html; charset=utf-8"/>
  <title>超链接伪类样式</title>
  <style type="text/css">
    /*未访问的超链接样式*/
    a:link {

      color:blue;

      font:bold 18px 微软雅黑;

      text-decoration:none;

    }
    /*访问后的超链接样式*/
    a:visited {

      color:#333;

    }
    /*鼠标悬浮时的超链接样式*/
    a:hover {

      color:red;

      text-decoration:underline;
```

```
        }
        /*单击鼠标未释放时超链接样式*/
        a:active {
            color:blue;
            text-decoration:underline;
        }
    </style>


</head>
<body>
    <a href="#">财经新闻</a> <a href="#">娱乐新闻</a> <a href="#">体育新闻</a>
</body>
</html>
```

效果如图 3-14 所示。

图 3-14　伪类选择器

第四节　常用CSS样式属性

　　修饰网页元素的 CSS 样式属性有很多,常用的样式包括背景样式、文本及字体样式、超链接样式、列表样式以及盒子模型样式等。这些属性通常由两部分组成:前面是大类名,后面是具体名称,这样便于归类和记忆。例如 text-align 表明该属性属于 text(文本)类,用于设置文本对齐。下面将逐一介绍这些常见样式表属性。

一、背景属性

背景属性用于定义页面元素的背景色、背景图片等,同时还可以精确控制背景出现的位置、平铺方向等。恰当地使用背景属性可以使页面美观,提高显示效率。常用的背景属性见表 3-5。

表3-5 常见背景属性

属性	描述	属性值
background	简写属性,用于将背景的多种属性设置在一个声明中,用空格分隔,其顺序为背景颜色|背景图像|背景重复|背景位置。	参考各子项:background - color|background-imag|background-repeat|background-position
background-color	设置背景颜色。	CSS颜色值
background-image	设置背景图片。	URL(图片路径)|none
background-repeat	设置背景的平铺方式。	inherit|no-repeat|repeat|repeat-x|repeat-y
background-position	设置背景出现的初始位置。	数值|top|buttom|left|right|center

例3-12:

```
<! DOCTYPE html>
<html xmlns="http://www.w3.org/1999/xhtml">
<head>
<meta http-equiv="Content-Type" content="text/html; charset=utf-8"/>
  <title>背景的样式</title>
  <style type="text/css">
    body {
      background-image:url(images/duanwu2013.jpg);/*设置页面背景图片*/
      background-repeat:no-repeat;/*背景不平铺*/
      margin:0px;/*去掉默认的边界值*/
      font-size:12px;/*设置字体大小为12px*/


    }
    #topmenu {
      background-color:#dceeae;/*设置顶端层的背景颜色*/
```

```
    border-bottom:2px solid #ccc;/*设置层的底部边框*/
    height:25px;/*顶端菜单的高度*/
    line-height:25px;/*行高为层的高度可以使字体垂直居中*/
    padding-left:300px;/*设置左边填充*/
}
#nav {
    margin-top:179px;/*设置顶端边界*/
    background-image:url(images/news_nav.gif);/*背景图片*/
    background-repeat:repeat-x;/*背景x轴水平平铺,实现小图片实现节省流量*/
    height:39px;/*导航栏的高度*/
    line-height:39px;/*行高*/
    color:#FFF;/*字体颜色*/
    font-weight:bold;
    font-size:14px;
    padding-left:300px;/*左边填充300px*/
}
    </style>
</head>
<body>
    <div id="topmenu"><a href="#">[登录]</a> | <a href="#">[注册]</a></div>
    <div id="nav">移动互联|电子商务|社交网络|网络游戏</div>
</body>
</html>
```

效果如图 3-15 所示。

图 3-15　背景属性的使用

二、文本属性

文本属性用于定义文本的外观,包括文本颜色,行高,对齐方式以及字符间距等,常用的文本属性见表 3-6。

表3-6 文本属性

属性	描述
color	设置文本颜色
line-height	设置行高。
letter-spacing	设置字符间距。
text-align	对齐元素中的文本。
text-decoration	向文本添加修饰。

三、字体属性

字体属性用于定义字体类型、字号大小以及字体是否加粗等,常用的字体属性见表 3-7。

表3-7 字体属性

属性	描述
font	简写属性。作用是把所有针对字体的属性设置在一个声明中。
font-family	设置字体系列。
font-size	设置字体的尺寸。
font-style	设置字体风格。
font-variant	以小型大写字体或者正常字体显示文本。
font-weight	设置字体的粗细。

其中 font-family、font-size 等都是 font 属性的字体属性,所以一般常使用字体属性的缩写形式,即用 font 属性一次性设置字体的所有样式属性,如"font:bold 12px 宋体;"。但需要注意其顺序为 font-style、font-variant、font-weight、font-size、font-family。

下面我们使用文本及字体样式,实现图 3-16所示的页面效果。

例3-13:

```
<html>

<head>
```

107

```
<meta charset="utf-8" />
<title>字体属性</title>
<style type="text/css">
    li {
        font: 12px 宋体;
        line-height: 28px;
        text-align: left;
    }

    .title {
        font: bold 14px 黑体;
        letter-spacing: 5px;
    }

    .bigFont {
        font-size: 16px;
        color: red;
        text-decoration: none;
    }
    </style>
</head>

<body>
    <div class="title">中国古典长篇小说四大名著包括:
        <ul>
            <li><a href="#" class="bigFont">《水浒传》,作者施耐庵</a></li>
            <li><a href="#">《三国演义》,作者罗贯中</a></li>
            <li><a href="#">《西游记》,作者吴承恩</a></li>
            <li><a href="#" class="bigFont">《红楼梦》,作者曹雪芹</a></li>
        </ul>
    </div>
```

```
</body>

</html>
```

效果如图 3-16 所示。

图 3-16　字体样式

四、列表属性

列表属性用于设置文字列表属性,控制列表的符号和位置等。常见的列表属性见表 3-8。

表 3-8　列表属性

属性	描述
list-style	简写属性。用于把所有用于列表的属性设置于一个声明中。
list-style-image	将图象设置为列表项标志。
list-style-position	设置列表中列表项标志的位置。
list-style-type	设置列表项标志的类型。

例 3-14:

```
<! DOCTYPE html>

<html xmlns="http://www.w3.org/1999/xhtml">

<head>

<meta http-equiv="Content-Type" content="text/html; charset=utf-8"/>

  <title>列表属性</title>

  <style type="text/css">

    div {
```

```
            font-family:Arial;
                font-size:13px;
            color:#00458c;
        }
    #menu li.title{
            list-style-type:square;    /*列表符号为方框*/
        }
    #fruits{
        list-style-type:lower-alpha;    /*有序列表用字母序列*/
        }
    #teas{
        list-style-image:url(images/icon1.jpg);    /* 图片符号 */
        list-style-position:inside; /*列表项目标记放置在文本以内*/
        }
</style>
</head>
<body>
    <div>
        <ul id="menu">
            <li class="title">水果
                <ol>
                    <li>苹果</li>
                    <li>香蕉</li>
                    <li>猕猴桃</li>
</ol>
</li>
            <li class="title">茶叶
                <ul>
                    <li>铁观音</li>
                    <li>西湖龙井</li>
                    <li>大红袍</li>
```

```
    </ul>
    </li>
        </ul>
    </div>
</body>
</html>
```

效果如图3-17所示。

图3-17　文字列表样式

"list-style"是简写属性,涵盖了三种其他列表样式属性。三种样式的顺序依次为字体 list-style-type、list-style-position、list-style-image。如示例中的茶叶列表样式可以修改为"list-style:inside url(images/icon1.jpg);"。

五、轮廓属性

轮廓是绘制于元素周围的线条,位于内空外围,可起到突出元素的作用。轮廓属性规定元素轮廓的样式、颜色和宽度。常见的轮廓属性如表 3-9。

表3-9　轮廓属性

属性	描述
outline	在一个声明中设置所有的轮廓属性。
outline-color	设置轮廓的颜色。
outline-style	设置轮廓的样式。
outline-width	设置轮廓的宽度。

例3-15:

```
<! DOCTYPE html>
```

111

```
<html xmlns="http://www.w3.org/1999/xhtml">

<head>

<meta http-equiv="Content-Type" content="text/html; charset=utf-8"/>

    <title>轮廓属性</title>

<style type="text/css">

p {

border: red solid thin;

outline: #00ff00 dotted thick;

}

</style>

</head>

<body>

<p><b>注释:</b>只有在规定了！DOCTYPE 时，Internet Explorer 8（以及更高版
本）才支持 outline 属性。</p>

</body>

</html>
```

效果图如图 3-18 所示。

图 3-18   轮廓样式

第五节   CSS视觉可视化模型

本章第一节中讲述了盒子模型,描述了文档中每个元素的维度空间,也就是一个个盒子,这些盒子占用了不同的尺寸空间。那么这些盒子又如何摆放排列,如何布局呢?这个就由 CSS 视觉可视化模型(Visual Formatting Model)来定义。

CSS 视觉可视化模型定义了不同的盒子的显示类型以及不同的定位模式,利用这些显示类型和定位模式就可以实现丰富的版面布局。特别是对于自适应要求很高的页

面,需要采用灵活的布局模式,以便网页在不同类型的设备上都能更好地显示。

　　显示类型规定了盒子排列方式,包括块级盒子、行内盒子、表格盒子等。例如一个块级盒子会独占一行空间,行内盒子则可以让多个盒子在同一行内存在。在CSS3中,还引入了一种新的显示类型Flex(Flexible Box,弹性盒子),是一种非常灵活的盒子排列方式。

　　定位是将盒子放置于页面中的指定位置。浏览器对每个元素有默认的定位规则,即元素依据在HTML文档中出现的先后顺序,在浏览器窗口中按照从左到右、自上而下的规律依次排列。如果是块级元素(Block,比如div、h1或p等),则其会沿页面向下排列,每个块级元素分别占一行;如果是行内元素(Inline,比如span、strong等),则其会相互并列,只有在空间不足以并列的情况下才会换到下一行显示。

一、显示类型

　　CSS中的显示类型由display属性来指定,其主要取值如表3-10所示。

表3-10　显示类型

属性	描述
block	块,在文档流上占据一个独立区域,块与块之间垂直叠放。
inline-block	产生一个行内的块级盒子,它的内部按照块级盒子布局,它自身表现为行内盒子。
inline	行内盒子,多个盒子可以在同一行内存在。
flex	弹性盒子。
none	不产生盒子,其中的内容不可见。

　　例如:

```
li    {
      display: inline;
}
```

　　以上例子将默认为块级显示模式的段落标记改为了行内显示模式。

　　再如:

```
……
<style>
.flex-container {
```

```
    display: flex;
    background-color: blue;
}
.flex-container > div {
    background-color: #f10000;
    margin: 10px;
    padding: 20px;
}
</style>
......
<div class="flex-container">
    <div>1</div>
    <div>2</div>
    <div>3</div>
</div>
......
```

以上例子把父DIV设置为了弹性显示模式。

二、定位

(一)相对定位

相对定位是以元素在标准文档流中本来应该出现的位置为参考点,通过设置left、right、top和bottom属性值进行偏移,达到重新定位的目的。偏移时参照该元素在标准文档流中的原位置,偏移后仅在显示上出现了坐标变化,但其在标准文档流中的位置没有发生任何变化。下面我们通过示例来讲解相对定位的使用。

例3-16:

```
<! DOCTYPE html>
<html xmlns="http://www.w3.org/1999/xhtml">
<head>
<meta http-equiv="Content-Type" content="text/html; charset=utf-8"/>
    <title>相对定位</title>
```

```
<style type="text/css">
    body {
        font-size:16px;
    }
    #max {
        border:3px solid red;
                margin-top:100px; /*上边距为100px*/
    }

    #div1,#div2,#div3{
        border:3px solid black;
        margin:5px;
        height:100px;
        width:300px;
    }

    #div1 {
        background-color:#ffd800;
    }
    #div2 {
        background-color:#00f00f;
        position:relative; /*相对定位*/
        left:100px; /*向右移动100px*/
        top:50px;  /*向下移动50px*/
    }
    #div3 {
        baekground-color:#ffff00;
    }

</style>
</head>
```

```
<body>
  <div id="max">
    <div id="div1">第一个层</div>
    <div id="div2">第二个层</div>
    <div id="div3">第三个层</div>
  </div>
</body>
</html>
```

效果如图 3-19 所示。

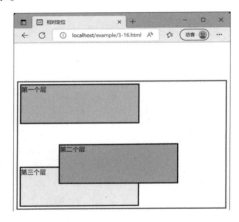

图3-19　相对定位效果

从图 3-19 可以看到"#div2"设置为相对定位,在原来的位置上右偏移了 100px,向下偏移了 50px。虽然它显示的位置变化了,但是它在标准文档流中的原位置依然保留,遵守标准文档流的规范,不影响其他元素原来的排列。

(二)绝对定位

绝对定位的元素将脱离标准文档流,不受标准文档流的限制,元素可以通过设置 left、right、top 和 bottom 属性并以页面为参照来进行偏移。绝对定位的元素在标准文档流中不占用空间,不影响标准文档流中的元素,看似悬浮于页面之上。如果多个绝对元素出现了重叠,则可以通过设置 z-index 属性修改他们显示的层次关系,z-index 取值大的层会压住 z-index 取值小的层。在示例 3-16 的基础上,将第二层的 position 属性修改为 absolute,则其定位的方式就由相对变为绝对,偏移量即 top、left 不做改变。代码如下:

116

例 3-17：

```
#div2 {
        background-color:#00f00f;
        position:absolute; /*绝对定位*/
        left:100px; /*向右移动100px*/
        top:50px; /*向下移动50px*/
}
```

修改并保存后，在浏览器中的显示效果如图 3-20 所示。

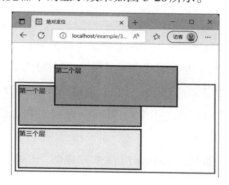

图 3-20　绝对定位效果

比较图 3-19 和图 3-20，可以发现相对定位和绝对定位的区别很大。在绝对定准时，"#div2"之前占据的空间被"回收"，而相对定位的元素原位置仍然保留。这说明绝对定位的元素完全脱离了标准文档流，会相对于浏览器窗口的左上角(0,0)点进行偏移，而不是相对于它的默认位置。绝对定位时，"#div2"以页面左上角为原点，水平向右偏移100px，垂直向下偏移50px。

如果将"#div2"容器（ID 为 max 的层）的定位方式设置为 relative，则"#div2"的 top 和 left 会变为以 ID 为 max 的层为参照进行移动，作为参照的层称为包含块。对以上代码中的"#max"进行如下修改：

```
#max {
        border:3px solid red;
        margin-top:100px;
        position:relative;
}
```

其显示效果如图 3-21 所示，可以看到此时参照系统发生了变化。

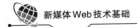

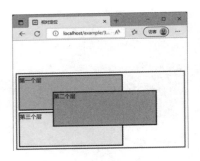

图 3-21　相对定位

(三)浮动定位

在前面的布局中,我们已经知道块级元素默认占据整行空间,那么如何将多个块级元素排列到同一行,并且能设置其宽度与高度呢? 在 HTML 中,可以通过浮动(Float)属性将块级元素向左或向右浮动,直到它的外边缘碰到其容器元素或另一个浮动元素的边框为止。多个浮动元素可以显示在同一行内。浮动元素也会脱离标准文档流,且不占标准文档流中的位置。

盒子的浮动是通过设置元素的 float 属性来完成的,其属性主要取值有 none、left 和 right。

当 float 取值为 none 时表示不浮动,这时元素会按照默认的标准文档流的方式来处理;当 float 取值为 left 时表示向左浮动,这时元素会脱离标准文档流浮动到左侧,不占文档流中的位置空间;当 float 取值为 right 时表示向右浮动,元素同样会脱离标准文档流。

使用浮动可实现平面出版物上的文字环绕图片效果,也可以使原来上下堆叠的块级元素变成左右并列或形成分栏。下面我们分别来看这两种效果。

1.文字环绕图片

例 3-18:

```
<! DOCTYPE html>
<html xmlns="http://www.w3.org/1999/xhtml">
<head>
<meta http-equiv="Content-Type" content="text/html; charset=utf-8"/>
  <title>盒子的浮动</title>
  <style type="text/css">
    #max {
```

118

```
            width：600px；
            margin：0 auto；  /*居中*/
        }
        #photo {
            width：150px；
            height：100px；
            float：left；
            margin-top：5px；
        }
        #info {
            border：2px dashed red；
        }
    </style>

</head>
<body>
    <div id="max">
        <img src="images/gd.jpg" id="photo"/>
        <div id="info">
```

今年6月1日深夜,在湖北监利大马洲水域发生"东方之星"号客轮翻沉事故。事发后,原籍安徽省宁国市、海军工程大学潜水分队队员官东,主动请缨参加救援,与战友一起从倒扣的船体里先后救出两人。

官东第二次找到被困人员后,他一心救人,果断将自己的重型潜水装备让给被困人员,自己戴着轻型潜水装具。当时,氧气快耗尽了,官东果断割断信号绳,丢掉潜水压载装备和无气气瓶,憋着一口气快速升出水面。由于上升速度过快,官东双眼通红、鼻孔流血,双耳胀痛难忍。

关键时刻,他把生的希望留给了别人。

```
        </div>
    </div>
</body>
</html>
```

效果如图 3-22 所示,可以看到,由于图片向左浮动脱离了标准文档流,在文档流中不占空间,图片后面的层不再认为浮动元素在文档流中位于它前面,因而会占据其父元素左上角的位置,而图片在显示时盖住了其后面的边框为虚线的层,但不会遮盖层中的文字,层中的内容(文字)会绕开浮动的图片,因此就形成了文字环绕图片的效果。

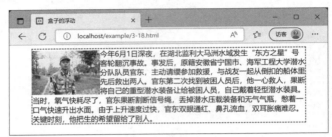

图 3-22 浮动与文字环绕效果

2.分栏布局

使用 float 属性可以实现分栏布局,下面我们通过例子看实现布局的方法。

例 3-19:

```
<! DOCTYPE html>
<html xmlns="http://www.w3.org/1999/xhtml">
<head>
<meta http-equiv="Content-Type" content="text/html; charset=utf-8"/>
  <title>盒子的浮动</title>
  <style type="text/css">
    #max {
      border: 2px solid black;
      margin: 0 auto;/*居中*/
      padding: 2px; /*上下左右的填充为2px*/
      width: 500px;
    }
    /*同时设置ID为box1,box2,box3的样式*/
    #div1, #div2, #div3 {
      border: 2px dashed red;
      width: 80px;
      height: 80px;
```

```
        margin:2px;/* 上下左右的外间距为5px*/
        float:left; /*左浮动*/
    }
    #div1｛
        height:92px;
    ｝
    </style>
</head>
<body>
    <div id="max">
        <div id="div1">框1</div>
        <div id="div2">框2</div>
        <div id="div3">框3</div>
    </div>
</body>
</html>
```

效果如图 3-23 所示。

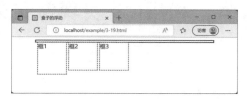

图3-23 浮动塌陷

在图中我们可以观察到div1、div2和div3向左浮动,而浮动层的父元素max(容器)的高度变为了0px,看到的间隙为内空所留下。因为浮动层脱离标准文档流,在文档流的空间中不占大小。如果父容器没有设置高度,则其高度由其中的内容来决定的。本例中,该容器中的内容为三个浮动层且不占空间,所以父容器的内空高度就变成了0px,我们将这种现象称之为浮动塌陷。

有时需要去除浮动塌陷,以保持版面位置。在CSS中,可以通过clear属性来清除浮动,clear属性可取值包括left、right、both和none,left用于清除左边浮动,right用于清除右边浮动,both用于清除两边浮动,none不清除浮动。下面我们在三个浮动标签后面添加一个div标签,并为其添加clear为left或bot的属性值,这样便解决了浮动塌陷的问题,修

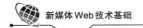

改代码如下：

```
<div id="max">
    <div  id="div1">框 1</div>
    <div  id="div2">框 2</div>
    <div  id="div3">框 3</div>
    <div style="clear:both;"></div>
</div>
```

清除浮动塌陷后的效果如图 3-24 所示。

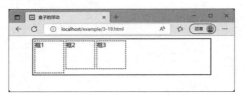

图 3-24　解决浮动塌陷

在 CSS 3 中引入了一组新的属性 column-count、column-gap、column-rule 等可以实现更为完美的文本分栏效果。

第六节　利用CSS实现常见效果

一、用CSS设置文本格式

掌握 CSS 后，页面效果呈现尽量使用 CSSS 来实现，这样可以让页面内容与呈现实现分离，有利于分工合作，有利于页面维护。

现在我们利用 CSS 中提供的各种样式属性对网页的文本格式进行修饰和美化。

例 3-20：

```
<! DOCTYPE html>
<html>
  <head>
    <title>搜索结果</title>
    <style type="text/css">
```

```
p{
    margin:0px;
    font-family:Arial; /* 定义所有字体*/
}

    p.title{
    padding-bottom:0px;
    font-size:16px;
}

p.content{
    padding-top:3px; /* 标题与内容的距离*/
    font-size:13px; /* 内容的字体大小*/
    line-height:18px;
    text-indent:2em; /*首行缩进两个字符*/
}

p.link{
    font-size:13px;
    color:#008000; /* 网址颜色*/
    padding-bottom:25px;
}

span.search{
    color:#c60a00; /* 关键字颜色*/
}

span.quick{
    color:#666666; /* 快照颜色*/
    text-decoration:underline;/* 快照下划线*/
}

p.title span.search{
    text-decoration:underline;/* 标题处关键字的下划线*/
}

    </style>
</head>
```

```
<body>
    <p class="title"><a href="#"><span class="search">CSS</span>教程</a></p>
    <p class="content"><span class="search"> CSS </span>教程,通过使用<span
        class="search"> CSS </span>来提升工作效率! 在我们的<span class=
"search">
        CSS </span>教程中,您会学到如何使用<span class="search"> CSS </span>
同时控制多重
        网页的样式和布局。开始学习<span class="search"> CSS </span>! ...</p>
    <p class="link">www.w3school.com.cn/css/ <span class="quick">搜索快照</span
></p>
    </body>
</html>
```

示例在浏览器中效果如图3-25所示。

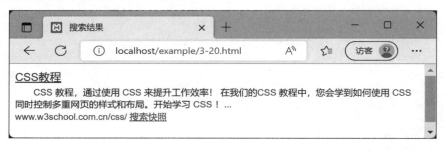

图 3-25　文本格式示例效果

二、利用列表实现导航菜单

用户在浏览网站时,通过页面导航菜单可以快速地链接到相关内容页面,从而节省用户查找页面时间,提高访问效率。在 Web 应用中,页面导航菜单是站点设计中的重要组成部分。下面将利用 ul-li 列表制作横向导航菜单。

例3-21:

```
<html>
    <head>
        <meta charset="utf-8" />
        <title>美淘网首页</title>
        <style type="text/css">
```

124

```css
*{
    margin:0px;    /*去掉所有标签默认的外边距*/
    padding:0px;   /*去掉所有标签默认的内填充*/
}
#allnav {
    width: 100%;   /*自适应宽度,占据整个屏幕*/
    height: 39px;   /*高度为39px*/
    background-color: #ff7701;
}

/*中间导航*/
#nav {
    height: 39px;
    width: 985px;    /*内容固定宽度*/
    margin: 0px auto;  /*固定宽度且居中*/
}
#nav ul li {
    float: left;    /*向左浮动*/
    list-style:none; /*取消列表符号*/
}
#nav ul li a {
    float: left;  /*兼容ie6*/
    adding: 0px 16px; /*左右填充16px*/
    height: 39px;
    line-height: 39px;  /*设置行高,文字垂直方面居中*/
    display: block;
    font-weight: bold;
    font-size: 15px;
    color: white;
    text-decoration:none; /*取消超链接的下划线*/
}
</style>
```

```
    </head>
    <body>
     <div id="allnav">
       <div id="nav">
        <ul>
           <li><a href="#">首页</a></li>
           <li><a href="#">团购</a></li>
           <li><a href="#">美食</a></li>
           <li><a href="#">电影</a></li>
           <li><a href="#">KTV</a></li>
           <li><a href="#">酒店订票</a></li>
           <li><a href="#">购物</a></li>
           <li><a href="#">品牌特卖</a></li>
        </ul>
       </div>
     </div>
    </body>
</html>
```

示例在浏览器中效果如图 3-26 所示。

图3-26　使用UL ＋ CSS实现菜单

三、利用DIV进行版面布局

利用DIV+CSS进行版面布局,首先将页面在整体上用< div >标签来分块,然后对各块进行排列,最后在各块中添加相应的内容。使用DIV+CSS布局先从页面的内容组织逻辑出发,区分出内容的层次结构与区域。一个很复杂的页面,也可以通过一个个模块逐步组建起来。例如一个博客中的日志页面,整体可以通过"1-2-1"(第一、三行只有一列,第二行有二列)结构的DIV来组成,如图3-27所示。

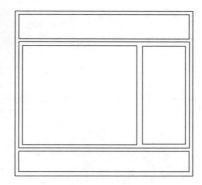

图3-27 日志页面与结构图

页面的逻辑结构绘制出来以后,就可在不同的区块中填充内容了。比如将导航菜单添加到顶端、版权信息放置在页面底端等。

上面的版面结构实现步骤如下:

1.完成HTML结构代码。在页面中添加一个包裹所有内容的大盒子,然后将页面分为头部(header)、主体(main)和底部(footer)三大块。在主体部分添加内容(content)和侧边(sidebar)的区块。在页面中通过DIV来分块,并使用id标识。代码如下:

```
<div id="wrapper">
<div id="header"></div>
<div id="main">
    <div id="content"></div>
    <div id="sidebar"></div>
    <div style="clear:both"></div>
</div>
<div id="footer"></div>
</div>
```

2.添加CSS,对DIV进行布局。为头部、主体部分和底部添加高度和宽度,使其居中显示,由于内容和侧边部分在同一行显示,可以设置float属性将两个div元素分别向左、向右浮动。CSS代码如下:

```
*{
    margin:0px;  /*去掉所有标签默认的外边距*/
```

127

```
        padding:0px；  /*去掉所有标签默认的内填充*/
    }
#wrapper{
        margin:0px auto；  /*固定宽度且居中*/
     width:1005px;
    }
    #header{
        width:1005px;
        height:150px;
            border:1px solid #9DC8D9；  /*显示div的边框*/
            margin:0px auto；
    }
    #main{
         width:1005px;
            height:auto；   /*高度自适应*/
            margin:0px auto；
            border:1px solid black；
    }

        #content{
        width:634px;
            height:770px;
        float:left；  /*向左浮动*/
        border:1px solid black；
    }
    #sidebar{
        width:334px;
            height:770px;
float:right；  /*向右浮动*/
            border:1px solid black；
    }
    #footer{
```

```
        width:1005px;
          height:100px;
     border:1px solid #9DC8D9;
          margin:0px auto;
    }
```

为了避免发生浮动塌陷的问题,在主体(main)层最后添加一个空div,并设置清除浮动属性。整体布局设置完成后,在浏览器中的效果如图3-28所示。

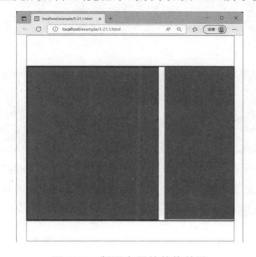

图3-28　版面布局的整体效果

四、利用CSS框架快速开发

利用CSS提供的丰富属性可以实现各种复杂效果,但如果每一个页面效果都完全由底层CSS属性去实现,则效率很低。特别是为了同时支持各种大小的显示设备有差别化显示,也就是页面自适应显示,成了一个非常重要的功能需求,如果没有CSS框架要实现自适应是非常困难的。另外,在可视化效果呈现、交互式设计等方面,需要有较高的美术功底和较强的程序设计能力才可以让页面组件有美感、人机交互好。

为了解决以上问题,我们在网页开发过程中,通常选用主流的CSS框架,不仅可以大大提高页面开发速度,还可以保持非常好的视觉呈现效果和人机交互效果。

CSS框架非常多,新CSS框架层出不穷。不同的CSS框架应用场合以及使用方法都有较大差别。因此要多尝试各种CSS框架才会找到适合自己项目需求的框架。这里介绍几种比较典型的框架。

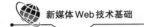

(一)960 Grid System 与 Unsemantic

960 Grid System[①]即 960 格子系统是一个典型的固定宽度页面布局样式表框架,适合于 1024 像素宽的页面显示。以 960 像素作为页面总体宽度,分割成 12 列、16 列或者 24 列,通过不同的样式表类名即可指定某 DIV 为需要的列宽。

例如:

```
<div class="container_12">
    <div class="grid_12">占 12 列</div>


    <div class="clear"></div>
    <div class="grid_6">占 6 列宽</div>
    <div class="grid_6">占 6 列宽</div>
    <div class="clear"></div>

</div>
```

以上代码中 container_12 表明该 DIV 采用 12 列格子系统,clear 表示另起一行。grid_12 表示占 12 列宽,也就是一整行,grid_6 表示占 6 列宽,两个占 6 列宽的 DIV 占据整行宽度。960 格子系统的主要样式表类名如表 3-11 中所示。

表3-11　960格子系统主要样式表类名

属性	描述
container_12 container_16 container_24	指定父 DIV 采用格式系统为 12 列、16 列或者 24 列。
grid_n	指定子 DIV 宽度为 n 列,n 最大取值为父 DIV 指定的列。
prefix_n	指定子 DIV 前空 n 列,n 最大取值为父 DIV 指定的列。
suffix_n	指定子 DIV 后空 n 列,n 最大取值为父 DIV 指定的列。
clear	另起一行。

通过指定上表中的类名即可按需要快速划分出以行列为基础的版面来。注意,在使用这些样式表类名之前,必须导入样式表框架文件,如:

```
......
<head>
<link rel="stylesheet" href="960gs/reset.css" />
```

① 960 格子系统官方网站地址为 https://960.gs/。

```
<link rel="stylesheet" href="960gs/text.css" />

<link rel="stylesheet" href="960gs/960.css" />

……

</head>

……
```

该样式表框架可以在960格子系统官方网站下载。

虽然960格式系统针对的是1024像素宽的显示器,在今天看来已经过时。但这种形式进行快速版面划分,是一种非常值得借鉴的方法。

为了适应今天广泛使用的不同显示设备对自适应页面的需求,960格子系统发展出了一个新的继任CSS框架Unsemantic[①]。Unsemantic框架与使用方法与960格子系统非常相似,最大的区别是样式表类名后的数字不再表示列数,而是表示百分比。

```
<div class="grid-container">

 <div class="grid-50">

  50% 宽

 </div>

 <div class="grid-25">

  25% 宽

 </div>

 <div class="grid-25">

  25% 宽

 </div>

</div>
```

其中grid-50表示占据容器50%宽,grid-25%表示占据容器25%宽。

表3-12　Unsemantic主要样式表类名

属性	描述
grid-container	指定父DIV采用Unsemantic样式表框架。
grid-n	指定子DIV占父DIV宽度百分比,n最大取值为100。
prefix-n	指定子DIV前空占父DIV宽度百分比,n最大取值为100。
suffix-n	指定子DIV后空占父DIV宽度百分比,n最大取值为100。

---

① Unsemantic 的官方网站地址为 https://unsemantic.com/。

续表

属性	描述
clear	另起一行。
mobile-grid-n	针对移动设备指定格子百分比。
hide-on-desktop	该部分内容在桌面显示器上隐藏。
hide-on-mobile	该部分内容在移动设备上显示时隐藏。

Unsemantic 为了实现不同宽度设备采用了不同的类名,如表 3-12 中所示。将不同设备的样式表类名应用在同一内容上,则可以控制不同设备上的显示效果。

例如:

```
<div class="grid-container">
    <div class="grid-50 mobile-grid-100">
        桌面显示器占父 DIV50% 宽度。
        移动显示器占父 DIV100% 宽度。
    </div>
    <div class="grid-25 mobile-grid-50">
        <span class="hide-on-desktop">
            桌面显示器隐藏。
        </span>
        <span class="hide-on-mobile">
            移动显示器隐藏。
        </span>
    </div>
</div>
```

(二)Bootstrap

Bootstrap[①]是一个非常流行的自适应 CSS 框架,用于快速实现以移动设备优先的网站。包含了布局、页面组件、表单以及一些动态效果,动态效果部分不是纯粹的 CSS,还与 JavaScript 脚本程序结合共同实现。Bootstrap 框架非常适合于手机、平板移动设备的浏览与操作,同时也可以很好保持桌面设备的显示。

布局包含了不同设备断点定义、栅格系统等,可以针对不同的设备宽度定义不同的

---

① Bootstrap 样式表框架官方网站地址为 https://getbootstrap.com/。

显示占比,从而实现了便捷的自适应功能。断点定义中默认定义了6种断点前缀:默认
(X-Small)、sm(Small)、md(Medium)、lg(Large)、xl(Extra Large)、xxl(Extra Extra Large),
这6种前缀的类名表示了以上6种大小,而每种大小也可以通过CSS属性来自定义。与
960格子系统类似,Bootstrap栅格系统将每行分为12列,每个DIV宽度所占列数通过不
同样式表类名来指定。

例如:

```
<div class="container">
 <div class="row">
  <div class="col-md-8">.col-md-8</div>
  <div class="col-6 col-md-4">.col-6 .col-md-4</div>
 </div>
 <div class="row">
  <div class="col-6 col-md-4">.col-6 .col-md-4</div>
  <div class="col-6 col-md-4">.col-6 .col-md-4</div>
  <div class="col-6 col-md-4">.col-6 .col-md-4</div>
 </div>
 <div class="row">
  <div class="col-6">.col-6</div>
  <div class="col-6">.col-6</div>
 </div>
</div>
```

container表示采用了栅格系统,row表示一行,col类名的基本格式为col-断点-列
数,表示大于等于某断点宽度时该DIV点居的列数,一行的列数12,超过则会换行。

第一行在md断点以及上时两个DIV宽度分别为8列和4列。col-6表示是默认断点
宽度(最小宽度设备)以上宽度时占据6列,加上第一个DIV宽度8列大了于了12列,因此
会另起一行并占据一半宽度。

第二行表示默认断点宽度为(最小宽度设备)以上宽度时每个DIV占据一半宽,但第
3个DIV会换行。但当宽度增加到md断点及以上宽度设备时,每个DIV各占1/3宽度。

第三行表示所有设备上两个DIV各占一半。

在BootStap中还包含了非常丰富的页面组件,如按钮、导航条、下拉菜单、对话框、进
度条等。与这些功能组件相关的BootStrap CSS框架的样式表属性类非常多,各组件功能

也非常复杂,所以BootStrap的学习曲线是比较陡峭的。本书囿于篇幅,不一一介绍这组件用法,大家可以通过官方网站提供的文档来掌握,在文档中涵盖了大量示例,有助于学习。

知识回顾

本章讲述了CSS的概念、基本语法以及CSS属性的功能及使用方法。

CSS(Cascading style sheets)即级联样式表,用于定义网页内容的可视化呈现方式。CSS引入了比HTML更丰富的颜色表示以及长度单位等。特别是对于字体的单位有pt、em等,em对于汉字即这一个字符的宽度。CSS盒子模型定义了可视内容的呈现维度。

在HTML文件中使用CSS用三种方法:通过在标记中加入STYLE属性,其属性值为样式表;通过在HEAD中加入STYLE标记来引入CSS;用LINK标记引入CSS文件。

CSS通过选择器选中网页中的对象,然后通过属性及属性值设置其呈现效果。CSS选择器主要有标记选择器、类选择器、ID选择器、属性选择器、伪类选择器等。CSS属性包括背景、字体、列表、轮廓等。

最后,本章还通过一些例子展示了常见样式表属性的使用方法。通过CSS框架可以快速实现一些特殊效果,例如Bootstrap可以快速实现PC端和移动端设备的自适应页面开发。

复习思考题

1.什么是CSS,其作用是什么?

2.CSS属性的书写方法和HTML属性书写有何不同?

3.CSS中的长度、颜色表示与HTML中有何不同?

4.什么是盒子模型,请简述其基本构成。

5.将CSS引用到网页中有哪些方法,各有何特点?

6.网页中的样式优先顺序是怎样的?

7.CSS的选择器有哪些,各用于什么场合?

8.CSS中的定位方法有哪些,如何实现这些定位?

9.CSS Level 3相较于之前的版本有哪些主要变化?

10.你见过什么样的网站比较美观,其CSS实现效果是怎样的?

第四章 动态网页技术

知识目标

☆ 动态网页的概念以及实现网页动态变化,包括浏览器端的动态和服务器端动态两种形式。

☆ 浏览器端动态技术是通过集成HTML、CSS、客户端脚本来实现的,客户端脚本在浏览器上运行,实现页面元素的内容、样式的变化,形成各种动态效果,以增强用户体验。

☆ 服务器端脚本运行在服务器端,接受客户端提交数据并为客户端请求生成一个临时页面并返回浏览器。

能力目标

1.会用代码编辑器编辑客户端和服务器端脚本程序。

2.掌握JavaScript的基本语法,能用JavaScript访问BOM和DOM对象。

3.能用jQuery实现一些动态效果。

4.掌握PHP的基本语法。

思维导图

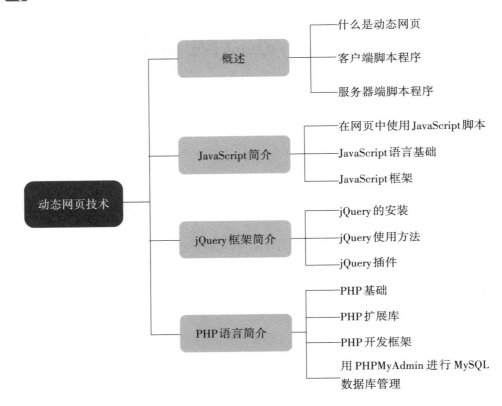

第一节　概述

一、什么是动态网页

使用基本的 HTML 和 CSS 技术,我们已经可以创建出具有精美效果的网页,但这样的网页中只包含静态的内容,用户也无法与网页进行交互。我们把这样的网页称为静态网页,即使其中有 GIF 动画、Flash 动画或者视频这样的变化内容。

随着 Web 的发展,我们需要在网页中实现要多的功能:让网站具有更好的用户体验、更酷更炫的页面效果,让网页与用户具有更好的交互性;使用 Web 进行电子商务、实时通信、在线游戏、会员管理等活动。这些功能有的需在浏览器上实现,有的需要在服务器上实现,有的需要二者接合完成。

浏览器端的动态技术我们也称为动态HTML(DHTML,Dynamic HTML)技术,它是集成了HTML、CSS和客户端脚本语言的一种技术。此时客户端脚本程序运行在浏览器上,它通过文档对象模型来操纵HTML和CSS内容,从而实现各种功能。可以使网页设计者能创建出与用户互动的页面,例如动态隐藏或显示网页中的内容、修改某元素的样式甚至将某对象在网页中移动位置等。所有这些功能均在浏览器中完成,而无须向Web服务器发送请求并等待响应。这种方式改善了用户的操作体验且缩短了下载页面的时间,降低了网络传输以及Web服务器的负载。

服务器端动态通过在服务器上运行相应程序来实现。当客户端向Web服务器发送请求时,如果请求的对象是服务器端程序,则Web服务器会调用这些程序来实现需要的功能,然后返回一个静态页面或者客户端动态页面。也就是说每次客户端访问服务器都通过Web服务器上的程序来生成一个临时文档并反馈给用户。这种技术可以实现复杂的数据操作和复杂的业务逻辑处理,例如网上购物时,用户登录、查询商品、下订单、支付订单,可以实现与相应数据库交互操作,这些功能用客户端脚本程序是无法实现的。

二、客户器端脚本程序

客户端脚本程序也叫浏览器端脚本,指的是嵌入在HTML源代码中的小程序(Script)。这些脚本程序在浏览器中执行,用于控制用户与浏览器的交互,例如修改页面内容,实现页面动画效果,验证数据的合法性等等,以提高用户体验。浏览器端的脚本语言主要有JavaScript、VBScript等,其中JavaScript为主流。

图4-1所示为浏览器端脚本的执行过程:

①浏览器向Web服务器发送请求。

②Web服务器读取网页文件(网页中包含有客户端脚本程序)并做出响应,将网页内容发送回浏览器。

③浏览器接收该网页后,执行网页里的客户端脚本程序,并将结果在浏览器中显示。

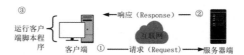

图4-1 浏览器端脚本执行过程

为了安全起见,客户端脚本程序在本地浏览器中执行时,通常其功能会受到限制,例如不允许读写文件、不允许读写数据库等,难以完成复杂的数据内容变化操作。

三、服务器端脚本程序

服务器端脚本程序也是嵌入在HTML源代码中的小程序,和浏览器端脚本不同的是它在服务器端执行。通常用于完成用户注册与登录、与数据库交互数据、生成复杂内容页面等任务。

图4-2是服务器端脚本的执行过程:

①浏览器向Web服务器发送页面请求。

②服务器端按请求读取页面文档,如果该页面中包含有服务器端脚本程序(通常通过文件扩展名进行判断,如*.php、*.asp、*.aspx、*.jsp、*.cgi等),Web服务器会读取该网页并执行其中的服务器端脚本程序。

③将执行结果转换成HTML文档反馈给浏览器并显示网页。

图4-2　服务器端脚本执行过程

常见的服务器端动态网页技术有以下几种。

● CGI(Common Gateway Interface):CGI是Web服务器与服务器端其他程序之间传送信息的标准接口,这些程序通常由Perl、Python或C语言所编写(扩展名为.cgi)。Web服务器可以调用这些程序,程序按CGI标准将执行结果传送给Web服务器。

● JSP(Java Server Pages):JSP是Sun公司(已被Oracle公司收购)所提出的动态网页技术,可以在HTML原始文件中嵌入Java程序并由Web服务器执行(扩展名为.jsp)。

● ASP(Active Server Pages)/ASP.NET:ASP程序是在Microsoft IIS Web服务器上执行的脚本程序,通常由VBScript语言编写(扩展名为.asp)。而新一代的ASP.NET程序也可以由功能较强大的Visual Basic、Visual C#、Microsoft J#、JavaScript.NET等 .NET兼容语言所编写(扩展名为.aspx)。

● PHP(PHP: Hypertext Preprocessor):PHP程序是在Apache、Microsoft IIS等主流Web服务器上执行的脚本程序,由PHP语言所编写。PHP是一种开放源码(Open Source)语言,具有免费、稳定、快速、跨平台(可以在UNIX、FreeBSD、Windows、Linux、Mac OS等多种操作系统上运行)、易学易用、面向对象等优点。

除了以上语言外,近年来基于诸如Python语言、Go语言的框架也变化越来越流行,特别是基于Python语言的django内容管理系统可以快速搭建网站。

第二节　JavaScript简介

JavaScript由Netscape的LiveScript发展而来,后由ECMA标准化组织发布其标准,是当前主要使用的客户端脚本语言。JavaScript广泛用于浏览器端Web开发。

一个完整的 JavaScript 实现主要由以下 3 个不同部分组成:核心语法(ECMAScript)、文档对象模型(Document Object Model,简称DOM)、浏览器对象模型(Browser Object Model,简称BOM)。各部分功能如下:

ECMAScript 提供了核心语言功能,包含数据类型、运算符、表达式、函数等基本语法支持,实现了基本的运算功能。JavaScript 前身为 LiveScript 语言,这一语言最初由网景公司发明,后提交给ECMA这一标准化组织,成为一种脚本语言规范,即ECMAScript。

文档对象模型(DOM,Document Object Model)提供了页面操作的方法和接口,可以对页面中的对象进行访问,并对其进行操作。如通过模型访问网页中的图片标记,更改其src属性即可改变图片显示内容。

浏览器对象模型(BOM,Browser Object Model)提供了浏览器操作的方法和接口,可以访问浏览器对象,并对其进行操作。如通过模型访问浏览器对象,更改其地址栏内容,则浏览器会跳转到指定地址。

一、在网页中使用JavaScript脚本

JavaScript 代码需要放置在网页文档中,当浏览器显示这些网页文档时会检测到脚本代码并执行。通常有三种方式可以将JavaScript添加到HTML页面中:

●使用SCRIPT标记符添加JavaScript脚本。

●直接在HTML标记符内添加JavaScript脚本。

●引用包含JavaScript脚本的外部文件。

(一)使用SCRIPT标记符

最常用的一种插入脚本的方法是在网页中使用SCRIPT标记符,通常是在HEAD标

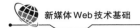

记中用 SCRIPT 标记引入 JavaScript 代码,也可以在 BODY 标记中使用 SCRIPT 标记。放置在 HEAD 中是为了更好地维护。

例 4-1:

```
<html>
<head>
    <meta charset="utf-8">
    <title>用 SCRIPT 引入 JavaScript 代码</title>
    <script type="text/javascript">
        doucument.write("<h1>欢迎使用 javaScript</h1>");
    </script>
</head>
<body>
</body>
</html>
```

上例中 BODY 元素内并没有输入内容,但在浏览器中浏览该网页时会看到页面中显示了"欢迎使用 JavaScript"这一内容,这是通过 JavaScript 输出的。

(二)链接外部的脚本文件

如果 JavaScript 的代码较少时,可以使用 SCRIPT 标记将代码嵌入页面。但是当页面需要嵌入的 JavaScript 代码很多时,如果直接嵌入页面,会降低代码的可读性。这时可以将 JavaScript 代码保存在独立文件中,然后通过链接的方式将该文件中的程序代码引入。JavaScript 文件的扩展名是".js"。

下面我们将前例中的 JavaScript 代码写入外部 JavaScript 脚本中,并命名为 myScript.js,和 HTML 页面文件处于同一个目录下,myScript.js 文件中的代码如下:

doucument.write("<h1>welcome to javascript</h1>");

然后在 HTML 页面中利用<script>标签引入 js 文件,代码如下:

```
<body>
    <script src="myScript.js" type="text/javascript">
      </script>
</body>
```

实际运行效果与在SCRIPT标签之间输入脚本完全一致。注意我们通过SCRIPT标记的src属性来引入脚本程序文件,scr属性值是URL地址,可以是绝对地址,也可以是相对地址。

由于这种方法将JavaScript代码放置在独立文件中,并通过URL地址形式来引入,因此其代码重用率高,甚至可以在不同网站中共享代码。

(三)在标记属性中添加脚本

与样式表可以通过标记的style属性值输入类似,也可以在标记的相应属性值中直接输入脚本程序,这些属性通常是一些特殊事件。

例如:

```
<body>
    <form>
        <input type="button" onclick="alert(欢迎使用JavaScript´)" value="点击我">
    </form>
</body>
```

本例网页中会显示一个按钮,点击该按钮时弹出一个提醒对话框。这里的onclick为一个事件,表示单击鼠标。当单击鼠标时会运行后面的JavaScript代码。由于HTML属性值中不可以输入大量内容,因此本方法只能输入少量代码,通常是调用一个函数,该函数通过SCRIPT进行定义。

二、JavaScript语言基础

(一)ECMAScript核心语法

1.变量

变量是存储数据的容器,JavaScript通常利用变量来参与各种运算,实现动态效果。变量命名时要遵守如下规则:

● 第一个字符必须是字母、下划线(___)或美元符号($)。

● 其他字符可以是字母、下划线(___)、美元符号($)或数字。

● 区分大小写。

● 不能与关键字同名,如while、for和if等。

使用变量之前首先要声明变量,变量声明使用关键字var,常用的两种变量声明的方式：变量先声明再赋值；同时声明赋值变量。如果在一条语句声明多个变量，把每个变量用逗号分隔即可。下面的示例展示了各种变量的定义方法。

例4-2：

```
<script type="text/javascript">
    var name;
    name="dog";    //变量先声明再赋值
    var age=5;    //同时声明赋值变量
    var width,height=30;
</script>
```

由于JavaScript变量是采用弱类型的形式，声明变量时不必须指定数据类型，而是在变量使用或赋值时自动确定其数据类型。

2.数据类型

JavaScript中有五种简单数据类型，也成为基本数据类型，分别是undefined、null、boolean、number、string等五种。另外还有一种比较复杂的数据类型——object对象类型，比如JavaScript的内部对象：Object、String、Array、Date、Math等，当然也可以自定义对象。这里我们主要了解五种基本数据类型。

由于JavaScript是弱类型的脚本语言，因此需要有一种手段来检测给定变量的数据类型，typeof就是完成该功能的操作符：

●undefined类型只有一个值，即特殊的undefined。在使用var声明变量但未对其加以初始化时，这个变量的值就是undefined，使用typeof运算符检测未初始化变量时会得到undefined值。

●null类型是空类型，表示一个变量已经赋值，但值是空对象。在程序设计时可以将变量的值设置为null来达到清空变量的目的。使用typeof操作符检测null变量时会返回object值。

●boolean是布尔类型，这个类型有两个标志值：true和false。布尔值用于表示一个逻辑表达式的结果，通常用来做判断处理。

●number是数字类型，用来表示整数和浮点数值，使用typeof运算符均会返回number。

●string是字符串类型，这是程序中使用最广泛的一种类型。字符串是使用单引号或双引号引起来的若干字符。

例4-3：

```
<script type="text/javascript">
    var name；
    document.write(typeof name)；//undefined
  var person=null；
document.write(typeof person)；//object
    var flag=1>2；
document.write(typeof flag)；//boolean
    var num=5；
    document.write(typeof num)；//number
    name="Kelly"；
    document.write(typeof name)；//string
</script>
```

3.运算符

运算符，顾名思义就是用于计算的符号，可以实现数据之间的运算、赋值和比较。JavaScript中包含了各种运算符，按功能可分为：算术运算符、赋值运算符、比较运算符和逻辑运算符，见表4-1。

表4-1　JavaScript中的运算符

类型	运算符	示例
算术运算符	+ - * / % ++ --	var x=2,y;y=x+3; //则 y 的值为 5
赋值运算符	= += -= *= /= %=	var x=2;x+=5; //则 x 的值为 7
比较运算符	> < >= <= == !=	var x=2,y;y=(2>=5); //则 y 的值为 false
逻辑运算符	&& ‖ !	var x=2,y=5;var flag=(x < 10 && y > 1); //则 flag 的值为 true

需要注意的是"+"运算符除了可以做算术运算外，还可以实现字符串的连接。当表达式中有字符串时，"+"操作符将字符串与其他的数据类型连接成一个新的字符串。例如，"every"+123的结果是"every123"。

4.流程控制语句

与其他编程语言一样，JavaScript常见的程序流程有三种结构：顺序结构、选择结构和循环结构。

143

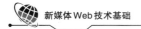

①顺序结构

顾名思义,顺序结构就是程序按照语句出现的先后顺序依次执行,这是程序的默认执行顺序。

②选择结构

在编写程序时,通常需要根据特定的条件执行不同的语句。JavaScript中用选择结构来达到这种需求,"if...else"语句是使用最为普遍的条件选择语句。语法结构如下:

```
if(条件表达式)
{
    语句或语句块1
}
else
{
    语句或语句块2
}
```

当条件表达式值为true时,执行语句块1,否则执行语句块2。当if或else后有多行需要执行的语句时,则必须使用大括号把这些语句括起来。其中else语句可以省略,此时当条件表达式为false时,不执行任何操作。

如果需要对更多的条件进行判断,可以使用if多分支语句或switch语句来实现,这里介绍switch语句,语法结构如下:

```
switch(条件表达式)
{
    case  常量值1:语句或语句块1;break;
    case  常量值2:语句或语句块1;break;
    ……
    case  常量值n:语句或语句块n;break;
    default:语句或语句块n+1;
}
```

此switch语句用于多条件的精确匹配,可以使程序结构更加清晰。根据switch语句匹配条件表达式的值与常量值是否匹配,以决定执行不同的语句块。在switch语句执行时,表达式的值将自上而下与每个case后的表达式值相比较,如果相等则执行该case后的JavaScript语句,直至遇到break语句时结束;若没有匹配的case常量值,则执行default

后的语句。

③循环结构

在不少实际问题中有许多具有规律性的重复操作,程序中需要使用循环结构解决此类问题。JavaScript 中常见的循环语句有 while 语句、"do…while"语句和 for 语句,这里介绍 for 循环语句,语法结构如下:

```
for(表达式1;表达式2;表达式3){
    语句或语句块;
}
```

表达式 1 一般为赋值表达式,指定循环变量的初值;表达式 2 是条件表达式,用于控制循环终止条件;表达式 3 用于每次循环后改变循环变量的值。大括号中的语句是循环体语句,即每次循环时执行的代码。

该 for 循环执行过程为:首先对表达式 1 赋初值;再判断表达式 2 是否满足给定条件,若其值为 true,则执行循环体内语句。然后执行表达式 3 修正循环变量值,进入下一次循环;一直到表达式 2 的值为 false 后终止 for 循环语句。

循环语句如果需要提前结束循环或跳过某次循环,可以使用 break 或 continue 语句,break 语句用于中断循环的运行,跳出循环;continue 语句用于跳过本次循环剩余代码块,直接进入下一次循环。

例 4-4:

```
<! DOCTYPE html>
<html>
    <head>
        <meta charset="utf-8">
        <title>JavaScript 基本语法应用</title>
    </head>
    <body>
        <script type="text/javascript">
            var i;
            for (i = 0; i <=10; i++){
                //如果i的值为偶数,跳过剩余代码,转入执行下一次循环
                if(i%2==0)
                    continue;
```

145

```
                    document.write(i+"<br>");
              }
          </script>
      </body>
</html>
```

上述示例的功能是打印 1~10 之间的奇数,所以需要循环执行到第 11 次时停止。循环时会略过偶数,只打印奇数。

5.函数和事件

①函数

在程序编写过程中,经常遇到某段代码需要重复使用的情况,此时可以把重复使用的代码放入一个代码块中,每次只需要调用这个代码块就可以了,这种代码块或者语句的集合被称为函数。函数包括系统函数和自定义函数,系统函数是指预先内置的可直接使用的函数,自定义函数是开发者根据应用场合而定义的函数。现在流行的各种 JavaScript 开发框架如 jQuery 就包含大量的自定义函数。

在 JavaScript 中,定义函数必须以 function 关键字开头。函数由函数名、参数列表以及函数所要执行的代码块组成。语法结构如下:

```
function 函数名(参数表)
{
    代码块;
    return 表达式;
}
```

调用函数时若需要传递多个参数,可以在定义时用逗号(,)隔开。在实际调用传参时必须注意其对应顺序,如果主程序需要函数返回结果值,则必须使用 return 语句返回结果。

示例 4-5

```
<script type="text/javascript">
    //定义计算两数之和的函数
    function add(num1,num2)
    {
        return num1+num2;
```

```
        }
    //调用计算两数之和的函数
    var result=add(4,5);
    document.write("4+5 的和是" + result);
</script>
```

示例中定义了一个函数并进行调用。

②事件

JavaScript 是基于对象并采用事件驱动的脚本。通过鼠标或按钮在浏览器窗口或网页上执行的操作称为事件(Event)。例如用鼠标单击网页上的某个按钮,则该按钮发生了鼠标单击事件,按钮就是事件源。事件不仅产生于与用户交互的过程中,还产生于浏览器的自身动作。例如,浏览器载入页面时会发生 Load 事件,关闭页面时会产生 Unload 事件等。如果将一段程序与某个事件源发生的事件进行绑定,当事件发生时浏览器将自动执行与之绑定的程序代码,这个过程即为事件驱动。对事件进行处理的程序或函数被称为事件处理程序。

在 JavaScript 中,事件处理程序一般会被封装成函数,事件与函数绑定的语法如下:

事件名称=函数名(参数列表)

例 4-6:

```
<! DOCTYPE html>
<html xmlns="http://www.w3.org/1999/xhtml">
    <head>
    <meta charset="utf-8">
        <title>函数与事件绑定</title>
    </head>
    <body>
      <p id="title" onmouseover="overColor()">NBA-库里 27 分勇士 14 连胜哈登 22
分火箭负灰熊</p>
        <script type="text/javascript">
            function overColor()
            {
                var obj = document.getElementById("title")
                obj.style.color ="red";
```

```
            }
        function outColor( )
        {
            var obj = document.getElementById("title");
            obj.style.color = "#000000";
        }
        document.getElementById("title").onmouseout= outColor;
    </script>
</body>
</html>
```

本例效果为当鼠标移到文本上时文本为红色,当移走时文本恢复黑色。事件与函数 绑定语句既可以放在事件源对象所对应的 HTML 标签上,也可以直接放在 JavaScript 代 码中。或用匿名函数来简化,即"事件名=function( ){……}"。

JavaScript 中的事件有鼠标事件、键盘事件、UI 事件、表单事件以及加载和错误事件 等几种类型。一些常用事件如表 4-2 中所示。

表4-2　常用事件及说明

事件名	说明
onload	一张页面或一幅图像完成加载。
onunload	用户退出页面。
onfocus	元素获得焦点。
onblur	元素失去焦点。
onchange	域的内容被改变。
onclick	当用户点击某个对象时调用的事件句柄。
onmouseout	鼠标从某元素移开。
onmouseover	鼠标移到某元素之上。
onsubmit	确认按钮被点击。

其中 onload 事件在显示一个网页时即会调用,是网页第一个需要处理的事件,可以用来进行数据初始化操作。相反,onunload 事件在关闭一个网页时调用,用于提醒保存等。另外一些事件如 onfocus、onblur 和 onchange 事件常常相互配合使用可以实现表单验证;onmouseout、onmouseover、onclick 事件属于鼠标事件,可以用于动态改变页面样式、实现交互等;onsubmit 可以用于在提交表单之前验证表单域中信息是否合法。

例4-7：

```
<! DOCTYPE html>
<html>
  <head>
    <meta charset="utf-8">
    <title>表单验证</title>
    <style type="text/css">
    body {
        font-size:12px;
    }
    fieldset {
        border:1px solid #ccc;
        width:350px;
        padding:15px;
    }
    legend {
        margin-left:15px;
    }
    input.txt {
        border:1px solid #ccc;
        width:140px;
    }
    p label {
        display:block;
        width:80px;
        text-align:right;
        float:left;
    }
    </style>
    <script type="text/javascript">
function lightTxt(obj) {
```

```
    //设置当前对象边框样式
    obj.style.border = "1px solid #0094ff";
}
function checkName(){
    //根据Id获取输入用户名信息
    var name = document.getElementById("txtName").value;
    //设置边框颜色 document.getElementById("txtName").style.borderColor="#ccc";
    var spanObj = document.getElementById("nameInfo");
    //检测用户名是否为空,是则提示"必填",并返回false
    if(name == ""){
        spanObj.innerHTML = "必填";
        return false;
    }
    //检测用户名长度是否在4到16位之间,不是则给出提示信息并返回false
    if(name.length < 4 || name.length > 16){
        spanObj.innerHTML = "长度必须在4到16之间";
        return false;
    }
    spanObj.innerHTML="格式正确";
    return true;
}
function checkPwd(){
    //根据Id获取密码信息
    var pwd = document.getElementById("txtPwd").value;
    //设置边框颜色
    document. getElementById ("txtPwd"). style. borderColor="#ccc";
    var spanObj=document.getElementById("pwdInfo");
    //检测密码是否为空,是则提示"必填",并返回false
    if(pwd == ""){
        spanObj.innerHTML = "必填";
        return false;
```

```
      }
         //检测密码长度是否在6到32位之间,不是则给出提示信息,并返回false
         if(pwd.length < 6 || pwd.length > 32){
             spanObj.innerHTML = "长度必须在6到32之间";
             return false;
         }
         spanObj.innerHTML="格式正确";
         return true;
      }
      function check(){
         return checkName()&& checkPwd();
      }
</script>
   </head>
   <body onload="document.title='会员登录'">
      <form action="login.php" onsubmit="return check()">
         <fieldset>
            <legend>用户登录</legend>
            <p>
               <label>用户名:</label>
               <input type="text" id="txtName" class="txt"
                  onfocus="lightTxt(this)" onblur="checkName()" />
               <span id="nameInfo"></span>
            </p>
            <p>
               <label>密码:</label>
               <input type="password" id="txtPwd" class="txt"
                  onfocus="lightTxt(this)" onblur="checkPwd()" />
               <span id="pwdInfo"></span>
            </p>
            <p><input type="submit" value="提交" /></p>
```

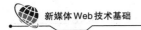

```
          </fieldset>
        </form>
      </body>
</html>
```

效果如图 4-3 所示:

图 4-3 用 JavaScript 进行表单验证

该示例实现了表单验证的功能,要求用户名和密码不能为空,且用户名的长度在 4 到 16 位之间,密码长度在 6 到 32 位之间。当文本框获取焦点时触发 onfocus 事件,执行 light- Txt(this)函数,将文本框高亮显示。信息输入完毕,文本框失去焦点触发 onblur 事件,调用 checkName()、checkPwd()函数检测信息是否符合要求,如果不符合要求则给出提示信息。最后根据格式是否正确决定是否提交表单。

6.内建对象

JavaScript 中内建了一系列对象,在每个对象中都包含了一系列的属性和方法,用这些对象可以完成一些常用的功能。主要的内建对象包括:

● Array 对象,实现数组操作。让多个数据存储在一个变量名中,通过下标访问其中的每个数据,这让 JavaScript 可以进行大规模数据操作。

● Date 对象,用于处理日期和时间。例如读取当前时间,进行日期格式转换等。

● Math 对象,实现数学计算操作,例如计算三角函数值,产生随机数等。

● String 对象,实现字符串的各种操作,例如连接字符串,取字符串等。

(二)浏览器对象模型

浏览器对象模型(BOM,Browser Object Model)提供了与浏览器交互的方法和接口。BOM 由 window、history、location 和 document 等一系列相关的对象构成,其中 window 对象是整个 BOM 的核心对象。BOM 对象关系如图 4-4 所示。

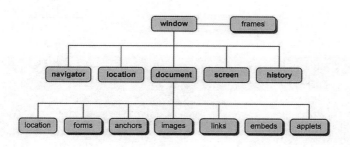

图4-4　BOM对象关系图

从图中可以看到windows对象处于模型的第一层，每个打开的浏览器窗口都是一个window对象。其常见属性和方法见表4-3。

表4-3　window**的常用属性**

属性	含义
document	窗口中当前显示的文档对象。
history	窗口中最近加载的URL。
location	当前窗口的URL。
screen	客户端屏幕信息。
navigator	客户端浏览器信息。
status	状态栏的文本。

从表4-4中可以看到，document、history和locaction等属性是window对象的属性，他们自身也是对象。

表4-4　window**的常用方法**

方法	说明
prompt	显示可提示用户输入的对话框。
alert	显示带有一个提示信息和一个确定按钮的警示。
confirm	显示一个带有提示信息、确认和取消按钮的确认框。
close	关闭浏览器窗口。
open	打开一个新的浏览器窗口，加载给定URL所指定的文档。
setTimeout	在设定的毫秒数后调用函数或计算表达式。
setInterval	按照设定的周期（以毫秒计）来重复调用函数或表达式。
clearInterval	取消重复设置，与setInterval对应。

其中prompt、alert和confirm是对话框方法，close、open属于窗体方法，而setTimeout、setInterval和clearInterval是间隔和时间等待方法。下面通过示例了解这些常用方法的

调用方法。

例4-8：

```
<! DOCTYPE html>
<html>
<head>
    <meta charset="utf-8">
    <title>BOM浏览器对象模型</title>
</head>
<body>
    <script type="text/javascript">
        function openWindow() {
            if (window.screen.width == 1024 && window.screen.height == 768) {
                window.open("test.html", "注册窗口", "height=550,width=700,location=0,
menubars=0,scrollbars=0");
            } else {
                window.alert("请设置分辨率为1024×768,然后再打开");
            }
        }
        function closeWindow() {
            if (window.confirm("您确认要退出系统吗? ")) {
                window.close(); //关闭当前窗口
            }
        }
        function showTime() {
            var today = new Date(); //获取计算机的系统时间
            var year = today.getFullYear();//获得年
            var month = today.getMonth(); //获得月
            var day = today.getDate(); //获得日
            var hh = today.getHours(); //获得小时
            var mm = today.getMinutes(); //获得分钟
            var ss = today.getSeconds(); //获得秒
```

154

```
        document.getElementById("sysTime").innerHTML = year + "年" + month + "月
" + day + "日" + hh + ":" + mm + ":" + ss;

        }

    window.setInterval("showTime()", 1000);

    window.onload = showTime;

</script>

<p>系统时间:<label id="sysTime"></label></p>

<p><a href="javascript:openWindow()">注册</a></p>

<p><a href="javascript:closeWindow()">退出</a></p>

</body>

</html>
```

本例效果如图 4-5 所示,会在页面中显示当前时间,并随着时间变化而变化。

图 4-5　用 JavaScript 实现时钟

当载入文档时 window 对象会调用 showTime()方法,利用 JavaScript 中的内部对象 Date 及其方法获取当前的计算机系统时间。为了能显示当前的最新时间,调用 setInterval ()方法,让窗口每隔1000毫秒就调用一次 showTime 方法,达到获得动态系统时间的效果。

点击注册链接时,如果窗口显示器的分辨率是1024×768,会利用 open()方法打开新窗口。其中 open()方法有三个参数,第一个参数是新窗口的 URL 地址,第二个参数是新窗口名称,第三个参数是设置新窗口的特征。如果分辨率不是1024×768则弹出警告框。

点击退出链接会弹出确认框,如果点击"确认"按钮将返回 ture,执行 if 分支语句关闭窗口。如果点击"取消"按钮将返回当前窗口。

(三)文档对象模型

文档对象模型也称 DOM(Document Object Model),它只关注浏览器所载入的文档内容。DOM 把 HTML 文档看成由元素、属性和文本组成的一颗倒立的树,如图 4-6 所示。

在图 4-6 中,可以把 HTML 文档中的每个部分看成一个节点,这些节点包括元素节点、文本节点和属性节点,分别对应 HTML 文档中的标签、标签中包含的文本以及属性。每个节点都是一个对象,整个 HTML 文档在 DOM 中是一个 document 对象。document 对象是 window 对象的一个属性,因此在使用时可以省略前缀"window",直接以 document 命名。

在 DOM 中,文档中的节点可以使用 JavaScript 对象直接或间接地访问,通过访问文档节点,可以动态获取或设置各节点的属性、样式和内容。访问文档节点的常用方式包括以下三种:

● 通过 id 访问页面元素。

document.getElementById("ID 名称");

● 通过 name 访问页面元素。

document.getElementsByName("name 名称");

● 通过标签名访问页面元素。

document.getElementsByTagName("标签名");

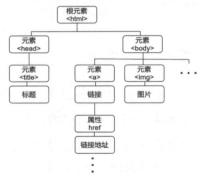

图 4-6　DOM 树

例 4-9:

```
<! DOCTYPE html>
<html>
<head>
<meta charset="utf-8">
<title>根据 ID 获取节点后,修改内容和样式</title>
    <style type="text/css">
div#product {
        overflow:hidden;
        width:960px;
```

```
        }
    #product dl {
        width:318px;
        margin-right:38px;
        margin-top:42px;
        padding-bottom:15px;
        border:2px solid #f0efef;
        float:left;
    }
    </style>
<script type="text/javascript">
    function setAttribute( ) {
        var obj=document.getElementsById("pic");
        obj.src = "pic_02.jpg";
}

    function setContent( ) {
        var obj=document.getElementById("title");
        obj.innerHTML="<h3>湿地公园</h3>";
    }

    function setStyle( ) {
        var obj = document.getElementById("desp");
        obj.style.color="orange";
        obj.style.fontSize = "15px";
    }
</script>
</head>
<body>
  <div id="product">
      <dl>
          <dt><img src="pic_01.jpg" /></dt>
          <dd id="title"></dd>
          <dd id="desp">建于2001年,占地面积1155亩,其中半岛型陆地255亩,湖
面900亩,湿地面积占公园91%。是一座以水生植物为主的自然生态郊野型湿地公园,
```

157

```
免费向市民开放。</dd>
        </dl>
    </div>
    <input type="button" value="修改属性" onclick="setAttribute( )" />
    <input type="button" value="添加内容" onclick="setContent( )" />
    <input type="button" value="修改样式" onclick="setStyle( )" />
</body>
</html>
```

其效果如图 4-7 所示：

图 4-7　DOM 示例效果

　　HTML 中每个元素对象都有 innerHTML 属性和 style 属性，innerHTML 用于设置或获取对象起始和结束标签之间的 HTML 内容；style 属性用于设置对象的 CSS 样式属性，style 对象包含一系列与 CSS 属性相对应的属性。例如 CSS 中设置字号的属性 font-size，在 style 对象中对应的是 fontSize 属性，style 对象的属性同 CSS 的属性命名并不相同。

　　Document 对象也可以创建、删除、添加 DOM 支持的任何类型节点，实现动态添加、删除页面元素的功能。Document 对象常见方法见表 4-5。

表 4-5　DOM 常见操作方法

方法	说明
createElement()	创建新的节点。
appendChild()	向元素添加新的子节点，作为最后一个子节点。

续表

方法	说明
cloneNode()	克隆元素。
insertBefore()	在指定的已有的子节点之前插入新节点。
removeChild()	从元素中移除子节点。

下面我们修改前一示例，在页面中动态增加一个旅游产品介绍，在页面加载时展示。在前例SCRIPT标记中增加addNode()函数实现动态效果，代码如下：

例4-10：

```
function addNode(){
    var divObj = document.getElementById("product");
    var content = "";  //新节点 dl 的 HTML 内容
    var dlObj = document.createElement("dl");  //创建新节点 dl 对象
    content = "<dt><img src='pic_03.jpg' /></dt>";  //在 dl 中嵌套 dt
    content += "<dd>主题公园</dd>";  //在 dlz 中嵌套 dd
    content += "<dd>乐园占地400亩，包含了风格各异的6大主题区域。园内11套大型游乐设施，各种表演show和花车巡游，还有亚洲第一台滑道摩天轮和配套的城堡酒店哦</dd>"
    dlObj.innerHTML = content;  //设置 dl 新节点的嵌套内容
    divObj.appendChild(dlObj);  //追加
}
```

然后将上例HTML代码中的"<body>"更改为"<body onload='addNode()'"，从而实现将页面加载onload事件与addNode函数绑定。效果如图4-8所示：

图4-8　动态增加DOM节点

159

三、JavaScript 框架

前面我们讲述了 JavaScript 的基本语法,利用其核心语言以及浏览器对象模型(BOM)、文档对象模型(DOM)即可创建具有高度交互性的动态页面,但这并不是一件容易的事。一方面核心语言是非常基础底层的,要完成一些复杂功能工作量非常大;另一方面各种浏览器对 JavaScript 的解析方式是有所区别的,这带来了 JavaScript 的兼容性问题,同一段 JavaScript 程序在不同的浏览器上可能会得到不同的效果。

为了解决开发过程中的兼容性问题,也为了在 JavaScript 实现复杂效果时变得更加容易,JavaScript 框架应运而生。JavaScript 框架封装了大量的方法、对象等,让我们在实现一些复杂的效果、功能时只需要调用一个函数就可以实现。这些框架还考虑了浏览器兼容性问题,设计开发人员直接调用它们就能编写出兼容各种不同浏览器的程序,大大提高了项目的开发速度。

一些受欢迎的 JavaScript 类库有 jQuery、Prototype、Mootools 等。

jQuery[1]是免费、开源的,于 2006 年 1 月由美国人 John Resig 发布,吸引了来自世界各地众多的 JavaScript 高手加入其中,不断完善并壮大其项目内容,如今已发展成为集 JavaScript、CSS、DOM 和 Ajax 于一体的强大框架体系。如今 jQuery 已经成为最流行 JavaScript 库,在世界前 10000 个访问最多的网站中,多达 55% 在使用 jQuery。相比 JavaScript,jQuery 的语法设计可以使开发更加便捷。除此以外,jQuery 提供了 API 让开发者编写插件,可以编写自己的插件来实现其需要的功能。其模块化的使用方式使开发者可以很轻松地开发出功能强大的静态或动态网页。

Prototype[2]是由 Sam Stephenson 写的一个 JavaScript 基础类库,对 JavaScript 做了大量的扩展,而且能很好地支持 Ajax。开发者使用 Prototype 能很方便地处理 JavaScript 内置对象,操作 DOM 和表单,发起 Ajax 方式的 HTTP 请求并对响应进行处理等,轻松地建立交互性良好的 Web2.0 富客户端页面。

Mootools[3]是一个简洁、模块化,面向对象的开源 JavaScript Web 应用框架。它为 Web 开发者提供了一个跨浏览器 JavaScript 解决方案。在处理 JavaScript、CSS、HTML 的时候,它提供了一个比普通 JavaScript 更强大的 API。

近年来出现了越来越多的新 JavaScript 框架,其中 Vue[4]是一个非常流行的前端框

---

① jQuery 官方网站地址为 https://jquery.com/。

② Prototype 官方网站地址为 http://prototypejs.org/。

③ Mootools 官方网站地址为 http://mootools.net/。

④ Vue 官方网站地址为 https://vuejs.org/。

架。它由尤雨溪(Evan You)创建,由他和其他活跃的核心团队成员维护。利用Vue可以将前后端分离,后端服务器程序提供API接口,而Vue专注于前端数据呈现。Vue是一个用于创建用户界面的开源Model-View-Viewmodel模式的前端JavaScript框架,是一个创建单页应用的Web应用框架,也就是在一个单一的Web页面里通过Vue JavaScript框架实现复杂的页面应用。由于是单页面,避免了浏览器不断与Web服务器获取刷新HTML代码,操作反应更加迅速,用户体验更好。另外页面内容自适应效果也非常好,所以非常适合手机应用前端开发。由于Vue.js框架较为复杂,学习曲线较为陡峭,可以参考官方网站文档。

第三节　jQuery框架简介

一、jQuery 的安装

2006年8月,jQuery 1.0版面世,随着jQuery功能的不断更新,先后出现了1.1版、1.1.3版和1.2版等。在jQuery的官方网站可以下载最新版本的jQuery文件库。

在网站中,选择jquery-xxxx.min.js(其中xxxx为版本号,如"3.6.0",随着版本升级,版本号和文件大小会发生变化)压缩版,单击下载按钮将jQuery框架下载至本地。

下载完jquery-xxxx.min.js框架文件后,可以将其更改为jquery.min.js以避免版本升级后相关页面都需要更改,然后在页面中用SCRIPT标记导入框架文件到页面即可。假设该文件下载后保存在站点的js文件夹中,那么在页面的<head></head>中加入如下代码:

```
<script src="js/jquery.min.js"></script>
```

由于SCRIPT标记中的src属性值为URL地址,因此也可以将其他网站中的jQuery导入进来,例如Google CDN(Content Distribution Network,内容分发网络)提供了jQuery库的引用镜像,其使用方法为:

```
<script src="https://ajax.googleapis.com/ajax/libs/jquery/3.6.0/jquery.min.js"></script>
```

注意其中URL地址会随版本号不同有变化。

在页面的HEAD标记内加入上述代码后,便完成了jQuery框架的引入,我们就可以开始jQuery之旅了。

二、jQuery 使用方法

(一)语法

jQuery 的基本使用方法是选取 HTML 文档中的一个或多个元素,并对这些元素执行某些操作。基本语法结构为:

```
$(selector).action()
```

各部分意义如下:

●美元符号$是 jQuery 的标志,它是 jQuery 的简写形式,$( )等效于 jQuery( )。表示该代码是 jQuery 代码,由 jQuery 框架库调用并运行。

●选择器(selector)完成对 HTML 文档中元素的选取,实现页面元素的"查询"或"查找"。这种选择方式与 CSS 中的选择器类似,但功能更为强大,方法更为灵活。熟练掌握这些选择器是使用 jQuery 的基础。

●方法(action)表示在选中的对象上要应用的 jQuery 操作。jQuery 中的操作可以是绑定事件、实现效果、文档内容操作、属性操作、样式表操作等,这些操作功能强大,是 jQuery 的核心功能,可以轻松实现一些常见效果。具体操作和其使用方法可以查看官方文档。

例4-11:

```html
<html>
<head>
  <title>jQuery 示例</title>
    <script src="jquery.min.js"> </script>
    <script type="text/javascript">
    $(document).ready(function(){
     $("button").click(function(){
     alert("Hello! ");
     });
    });
    </script>
</head>
<body>
    <button type="button">请点击这里</button>
```

```
</body>
</html>
```

上例中选中按钮,并给其绑定click事件。当单击该按钮时弹出一个对话框。

(二)选择器

jQuery中的选择器种类繁多,包括基本选择器、过滤选择器、层次选择器和表单选择器四大类:

●基本选择器是jQuery中使用最频繁的选择器,它由id、class、标签名和多个选择符组成,通过基本选择器可以实现大多数页面元素的查找。

●过滤选择器可以附加在所有选择器的后面,通过特定的过滤规则来筛选出一部分元素,书写都是冒号(:)开头,如使用$("li:first")来选择页面中所有的LI元素中的第一个LI项。

●层次选择器通过元素之间的层次关系获取元素,其主要的层次关系包括后代、父子、相邻和兄弟关系。层次选择器由两个选择器组合而成,比如$("#nav>span")表示选择id为nav的元素的子元素SPAN元素。

●表单选择器是jQuery专门针对表单元素增加的一种选择器,通过这种选择器可以极其方便地获取某个类型的表单元素,比如$(":text")表示获取[type=text]的INPUT元素。

由于篇幅有限,不详细介绍每种选择器的具体用法,具体用法可参照jQuery手册。下面通过一些实例来了解这些选择器的用法,见表4-6。

表4-6　选择器类型、语法及实例

选择器类型	语法	描述
基本选择器	$(this)	当前 HTML 元素。
	$("#intro")	获取 id="intro" 的元素。
	$(".intro")	获取所有 class="intro" 的元素集合。
	$("p")	获取所有 <p> 元素集合。
	$("p.intro")	获取所有 class="intro" 的 <p> 元素集合。
过滤选择器	$("ul li:first")	获取每个 <ul> 的第一个 <li> 元素。
	$("[href$='.jpg']")	获取所有带有以 ".jpg" 结尾的属性值的 href 属性集合。
层次选择器	$("div#intro .head")	获取 id="intro" 的 <div> 元素中的所有 class="head" 的元素集合。
	$("ul#nav>li")	获取 id="#nav" 的<ul>元素中的<li>子元素集合。
表单选择器	$(":button")	获取[type=button]的<input>元素集合。
	$(":text:diabled")	获取[type=text]的<input>元素中不可用的表单元素集合。

三、jQuery 插件

jQuery 功能强大的另一原因是开发者可以下载大量的 jQuery 插件（plugin），使用最少的代码轻松地开发出功能强大的动态网页。jQuery 插件是以 jQuery 的核心代码为基础，编写出符合规范的代码，并将这些代码打包，调用时仅需调用插件库文件即可。jQuery 插件的官方网址是 http://plugins.jquery.com，在该网站可以按照分类下载需要的插件以及使用文档。也可以在大量第三方 jQuery 插件网站中下载所需要的功能插件。

下面我们通过使用一个实现幻灯片的插件来介绍 jQuery 插件的使用方法。无论是门户网站、购物网站、旅游网站或者企业网站，均常采用图片广告展示其产品或服务。我们可以通过幻灯片插件实现图片自动切换，实现用户通过点击导航按钮查看相应的广告图片或栏目内容。

访问 http://plugins.jquery.com/在其搜索框中搜索"slidder"并搜索，在搜索结果列表中根据介绍选择自己需要的插件，如"AnythingSlider"。点击该插件链接后即进入该插件详细介绍页面，可以查看其演示效果，并可下载该插件代码，得到代码库文件"jquery.anythingslider.js"、样式表文件"anythingslider.css"。

首先在 HTML 文件中，引入 jQuery 框架和幻灯片插件 js 文件，以及与之匹配的 CSS 文件，必须确定幻灯片插件 js 文件位于 jQuery 框架文件之后，其代码如下：

```
<script src="js/jquery.min.js"></script>
<script src="js/jquery.anythingslider.js"></script>
<link rel="stylesheet" href="css/anythingslider.css">
```

引入 js 和 CSS 文件后，在页面中创建幻灯片图片，AnythingSlider 采用无序列表来实现。

```
<ul id="slider">
    <li><img src="images/banner_01.jpg"></li>
    <li><img src="images/banner_02.jpg"></li>
    <li><img src="images/banner_03.jpg"></li>
    <li><img src="images/banner_04.jpg"></li>
</ul>
```

在 SCRIPT 标记中，选择无序列表并调用插件的 AnythingSlider( )方法，其实现代码如下：

```
$(document).ready(function(){
    $("#slider").anythingSlider();
```

164

|);

其完整代码如下：

例4-12：

```
<! DOCTYPE html>
<html>
  <head>
      <meta charset="utf-8">
    <title>用 AnythingSlider 插件实现幻灯片</title>
    <link href="css/anythingslider.css" rel="stylesheet" type="text/ css">
    <script src="js/jquery.min.js"></script>
    <script src="js/jquery.anythingslider.js"></script>
      <script>
    $(document).ready(function() {
        $("#slider").anythingSlider();
          |);
    </script>
  </head>
  <body>
    <div id="container">
          <ul id="slider">
              <li><img src="images/banner_01.jpg"></li>
              <li><img src="images/banner_02.jpg"></li>
              <li><img src="images/banner_03.jpg"></li>
              <li><img src="images/banner_04.jpg"></li>
      </ul>
    </div>
  </body>
</html>
```

效果如图 4-9 所示。

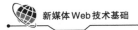

图 4-9　用 jQuery 实现幻灯片效果

第四节　PHP语言简介

PHP是"Hypertext Preprocessor"的缩写,即"超文本预处理器"。它是一种简单易用且功能强大的服务器脚本语言,尤其适合用于Web开发,可以让Web开发人员很快地写出动态生成的网页。该语言可以嵌入HTML代码中,其语法借鉴C、Java,但比C语言简单,易学易用。

PHP作为Web程序开发的强大语言之一,具有开放源代码、跨平台性强、开发快捷、效率高、面向对象、易于上手等诸多优点。本节我们简单介绍一下PHP语言。

一、PHP基础

(一)一个简单的PHP程序

首先我们通过最简单的PHP程序来认识PHP基本语法。

例4-13:

```
<html>
  <head>
    <title>这是一个简单的PHP程序</title>
    <meta charset="utf-8">
  </head>
```

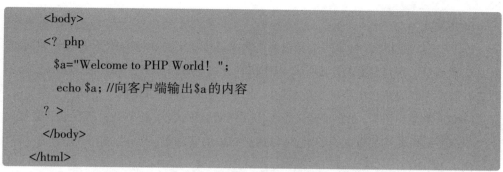

```
    <body>
    <? php
      $a="Welcome to PHP World！";
        echo $a；//向客户端输出$a的内容
    ？>
      </body>
    </html>
```

由于服务器端脚本程序需要在服务器端运行,因此需要按第一章第三节中的要求搭建Web服务环境。

将以上代码保存为"hello.php"(包含PHP程序的文件扩展名为".php"),放置到XAMPP安装目录"htdocs"子目录下,并运行Apache Web服务器。如图4-10所示,在浏览器中输入"http://localhost/hello.php",该文件会在服务器上执行,并返回页面内容显示"Welcome to PHP World"。

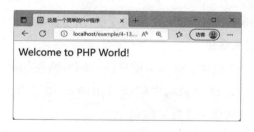

图4-10 一个简单的PHP程序

(二)PHP语法

这里我们简单介绍一下PHP的基本语法,完整使用方法可以参考官方文档①。

1.PHP起始结束标识符

PHP代码通常嵌入在HTML代码中,为了与HTML语言加以区分,通过特殊标识符进行标识。它的默认标记是以"<？php"开始,以"？>"结束,二者之间的部分即是PHP代码。我们也可以通过修改Web服务器上的PHP设置来改变PHP起始和结束标识符。

如果整个文件是纯PHP代码,只需要有起始标识符即可,不需要结束标识符号,这样做可以避免在PHP结束标识符号结束后,其他空格或者换行符等不可见符号导致PHP输出不需要的内容。

―――――――――――
① PHP官方文档地址为http://php.net/docs.php。

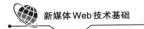

2.变量

PHP中的变量以"$"符号跟上变量名来表示。变量名称由字母或下划线开头,后面跟上任意数量的字母、数字或下划线。例如$a、$_a、$_a123_123_a是合法变量,$123a不合法。需要注意的是PHP中的变量名是区分大小写的,$a和$A是两个不同的变量。

PHP是弱类型语言,在变量定义中不需要声明数据类型,其类型由所存储的数据决定。当需要取得变量的数据类型时,可以通过PHP内置函数gettype()来实现。

例4-14:

```
<? php
    $x="PHP";
    echo gettype($x);  // 输出 string
    $y=5;
    echo gettype($y);  // 输出 integer
? >
```

在PHP中有一系列重要的预定义的全局变量,用于读取客户端或者服务器端数据。以下是一些常用的预定义变量:

● $_SERVER,是一个包含了诸如头信息(header)、路径(path)以及脚本位置(script locations)等信息的数组。这个数组中的项目由 Web 服务器创建。例如$_SERVER[´SERVER_NAME´]可以获得服务器名称。

● $_GET,通过 URL 参数传递给当前脚本的变量的数组。例如$_GET["name"]取得 URL 地址中名为 name 的变量值。

● $_POST,通过 HTTP POST 方法传递给当前脚本的变量的数组。例如$_POST["name"]取得用 POST 方法传输的表单,变量名称为 name。

● $_FILES,通过 HTTP POST 方式上传到当前脚本的项目的数组,主要用于获取客户端上传文件的相关信息。例如$_FILES[´upfile´][´tmp_name´]可以获得上传文件的文件名。

● $_COOKIE,通过 HTTP Cookies 方式传递给当前脚本的变量的数组。

● $_REQUEST,包含了 $_GET,$_POST 和 $_COOKIE 的数组。

3.运算符

PHP中的运算符包括算术运算符、赋值运算符、位运算符、比较运算符、错误控制运算符、执行运算符、递增／递减运算符、逻辑运算符、字符串运算符、数组运算符、类型运算符等。表4-7为PHP中的主要运算符及其优先级,前面的优先级高,后面的优先级别低。从表中可以看到每种运算符的功能以及所属类型。

　　注意PHP中有一个特殊的运算符"?:"是一个三元运算符[1]需要三个操作数：一个逻辑表达式及两个值，逻辑表达式为真时取前者，为假时取后者。

表4-7　PHP主要运算符及其优先级

结合方向	运算符	功能	说明
左	[	取数组下标	数组
右	++	递增	类型和递增／递减
	--	递减	
	~	按位取反	
无	instanceof	是否属于某个类	类型
右	!	逻辑非	逻辑运算符
左	*	乘	算术运算符
	/	除	
	%	取模	
左	+	加	算术运算符和字符串运算符
	−	减	
	.	字符串链接运算符	
左	<<	左移	位运算符
	>>	右移	
无	==	等于	比较运算符
	!=	不等于	
	===	全等于	
	!==	不全等于	
	<>	不等于	
左	&	按位与	位运算符和引用
左	^	按位异或	位运算符
左	|	按位或	位运算符
左	&&	逻辑与	逻辑运算符
左	||	逻辑或	逻辑运算符
左	?:	判断并选择	三元运算符
右	= += -= *= /= .= %= &= |= ^= <<= >>= =>	计算并赋值	赋值运算符
左	and	逻辑与	逻辑运算符
左	xor	逻辑异或	逻辑运算符
左	or	逻辑或	逻辑运算符

---

[1] 一个运算符需要几个操作数即说此运算符为几元或者几目。例如"++"只需要一个操作数，则"++"为单目运算符；"+"需要两个操作数，则"+"为双目运算符。

169

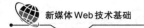

例4-15：

```
<? php
    $gender=1;
  echo（$gender==1）？ '男'：'女'；//输出'男'
? >
```

4.PHP输出函数

PHP作为一种服务器端脚本语言,其最终作用是要将运算、操作结果生成HTML文档并返回客户端,PHP通过输出函数（echo）来实现。

例4-16：

```
<? php
    $h1="标题";
    echo "<h1>$h1</h1>";
? >
```

echo也有一个快捷用法,可以在打开标记前直接用一个等号来代替。例如：

```
<h1><? =$h1? ></h1>
```

注意,在PHP 5.4.0之前须在php.ini里面启用 short_open_tag 配置项该快捷用法才有效。

5.注释

PHP代码中注释的主要作用是增加代码的可读性,它不会被作为程序来读取和执行。PHP支持三种注释方法:"//"、"#"和"/* */",其中"//""#"是单行注释,"/* */"是多行注释。

二、PHP扩展库

PHP扩展库是PHP语言系统模块化的一种机制,通过一个个模块来扩展PHP的功能。PHP提供了大量的扩展库,每个扩展库都包含了大量的函数或者对象,用以完成特定的功能。通过调用这些扩展库的功能可以扩展PHP语言功能,快速完成复杂系统开发。

●PHP扩展库可以分为核心库、绑定扩展库、外部扩展库和PHP社区（PHP Extension Community Library, PECL）扩展库[①]等:

●核心扩展库属于PHP内核的一部分,不能通过编译选项将其排除,如日期和时间

[①] PHP扩展官方网站地址为 http://php.net/manual/zh/extensions.php。

操作、数学函数、字符串处理、系统文件处理等扩展库属于核心扩展库。

● 绑定扩展库绑定在 PHP 发行包中,但默认并不会启用,需要修改 php.ini 配置文件来启用需要的库。如日历操作(Calendar)、图像处理(GD)、FTP 操作等扩展库属于绑定扩展库。

● 外部扩展库已经绑定在 PHP 发行包中,但是需要调用外部库文件来编辑这些扩展库。如 DOM、Mcrypt、Mysql 等类库。

● PECL[①]扩展库中包含了更多功能扩展,可以访问其官方网站了解这些功能并根据需要安装相应功能。

MySQL 扩展库是 PHP 非常重要的扩展库,通过该扩展库可以访问并操作 MySQL 数据库,这是采用 PHP 进行开发时经常需要的功能,用于存储后台数据。因此学习 PHP 服务器脚本需要掌握 MySQL 扩展库的用法。MySQL 扩展库中提供了 40 多个函数,利用这些函数可以容易地完成绝大部分针对 MySQL 数据库的操作任务。常见 MySQL 扩展函数见表 4-8。

表4-8　常用 PHP　MySQL 函数

函数	描述
mysql_connect()	打开非持久的 MySQL 连接。
mysql_close()	关闭非持久的 MySQL 连接。
mysql_select_db()	选择 MySQL 数据库。
mysql_query()	向 MySQL 数据库发送 SQL 语句并返回操作结果。
mysql_fetch_array()	从结果集中取得一行作为关联数组,或数字数组。
mysql_free_result()	释放结果内存。
mysql_num_rows()	取得结果集中行的数目。
mysql_affected_rows()	取得前一次 MySQL 操作所影响的记录行数。

下面通过一个简单的示例展示如何利用 MySQL 数据库扩展实现用户登录验证功能。示例由两个文件组成:login.html 用于显示登录表单接受用户输入用户名及密码;用户输入登录信息并点击登录按钮后,将登录数据发送给 login.php,由其中的代码完成数据库查询与密码比对,并返回登录结果。注意此例需要创建相应 MySQL 数据库才可正常运行。

例 4-17(a):

```
<! --login.html-->
<! DOCTYPE html>
```

① PECL 官方网站地址为 http://pecl.php.net/。

```
<html>
    <head>
    <meta charset="utf-8">
        <title>用户登录</title>
    </head>
    <body>
      <form method="post" action="login.php" >
        <fieldset>
            <legend>用户登录</legend>
            <p>
                <label>用户名:</label>
                <input type="text" name="uname"/>
            </p>
            <p>
                <label>密码:</label>
                <input type="password" name="upwd"/>
            </p>
            <p><input type="submit" value="登录" /></p>
        </fieldset>
        </form>
    </body>
</html>
```

上面文件显示用户登录表单页面,用户在登录页面输入用户名和密码,表单数据会被提交到login.php进行验证。登录页面在浏览器中的效果如图 4-11 所示。

图4-11　用户登录表单

172

4-17(b)：

```
<! --login.php-->
<? php
    //接受客户端传递的参数
    $uname = $_POST['uname'];
    $upwd = $_POST['upwd'];
  //数据库连接参数
  $userName="root";    //数据库用户名
  $userPwd="123456";    //数据库密码
$dbHost="localhost"; //数据库所在主机地址
    //连接数据库
    $link= mysql_connect($dbHost, $userName, $userPwd);
    if($link)
    {
        mysql_select_db('testDB', $link) or die ('Can\'t use db : '. mysql_error());
        $sql = "select id from  user where uname='$uname' and pwd='$upwd'";
        $result = mysql_query($sql, $link);
        $ret = mysql_num_rows($result);
        if($ret > 0)
        {
            echo $uname."登录成功<br>";
        }
        else{
            echo $uname."登录失败<br>";
        }
        mysql_close($link);
    }
? >
<br>
<A HREF="../index.html">返回</A>
```

以上代码实现以下功能：数据提交到login.php文件后，该脚本程序会连接数据库，并验证用户名和密码是否正确。如果正确则输出用户名登录成功,否则输出用户名登录失败。

效果如图 4-12 所示。

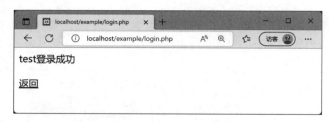

图4-12 登录验证脚本程序

三、PHP 开发框架

在进行 Web 开发时,不同的 Web 程序模块经常需要实现同样的功能 这让开发者在编写 PHP 代码时常常陷入单调重复的代码编写窘境。与 JavaScript 框架类似,也出现了很多 PHP 框架来解决代码重用以及快速开发的问题。

PHP 框架是将不同 Web 系统开发过程中的共性、通用部分功能进行抽象,形成开发 Web 程序的基本架构。进行 Web 系统开发时,开发人员如果在 PHP 框架基础上进行二次开发,即可大大简化开发过程,快速实现系统功能。PHP 框架能促进 Web 系统的快速开发、节约时间、减少重复代码量,并能帮助初学者创建规范、稳定的 Web 系统。

PHP 框架非常多,大部分都是基于 MVC(Model–View–Controller)架构模式的。所谓 MVC 是将 Web 系统的数据结构及读取存储(Model)、数据显示(View)、程序逻辑控制(Control)进行分离,以提高系统开发的模块化。下面给大家介绍几种常见的 PHP 开发框架。

1. Zend Framework

Zend Framework[①]简称 ZF,是 PHP 的官方框架。其优点是功能强大、结构模块化、封装完善,很适合作为二次开发的基础框架,它包含了在进行 Web 开发时所有可能会用到的功能类库。

不过 ZF 的类库包很庞大,框架类库将近 20MB,其中大部分功能在进行普通开发时并不会用到。虽然 ZF 看起来比较"笨重",但是它所提供给开发者的自由度是其他框架

---

① Zend Framework 官方网站地址为 http://framework.zend.com,当前已更名为 Laminas,其官方网站地址为 https://getlaminas.org/。

174

所不能比的。针对那些需求比较复杂的大型项目而言,ZF确实不失为一个很好的选择。

2. CodeIgniter

CodeIgniter[①](CI)也是一个比较老牌的PHP框架。和ZF相反,它非常小巧,核心类库仅有1MB左右。使用起来比较简单,代码框架遵循常见的MVC结构。

但是CI的类库封装得还不够精细,某些框架层次感觉设计得过于烦琐;另外CI的文档做得不是很好,特别是缺乏良好的中文文档,这大大阻碍了CI框架在国内的普及。

3. ThinkPHP

ThinkPHP[②]是一个快速、兼容而且简单的轻量级国产PHP开发框架,ThinkPHP遵循Apache2开源协议发布。ThinkPHP可以支持Windows/Unix/Linux等服务器环境,可运行Apache、IIS在内的多种Web服务器,ThinkPHP需要PHP5.0及以上版本的支持,支持MySQL、PgSQL、Sqlite以及PDO等多种数据库。

使用ThinkPHP,可以更方便和快捷地开发和部署Web应用,任何PHP应用开发都可以从ThinkPHP的特性中受益。简洁、快速和实用是ThinkPHP发展秉承的宗旨,为此ThinkPHP会不断吸收和融入更好的技术以保证其新鲜和活力,提供Web应用开发的最佳实践!

除了以上PHP框架外,Laravel、Symfony等PHP框架也非常流行,可以快速搭建较为复杂的信息系统。

四、用phpMyAdmin进行MySQL数据库管理

phpMyAdmin是一款使用PHP编写、基于Web的MySQL管理工具。它提供图形化界面,功能比较丰富,方便了程序员或数据库系统管理员对MySQL的操作。

在第一章第三节中建立的XAMPP开发环境中已经安装并配置好phpMyAdmin程序。运行XAMPP,在浏览器中地址栏中输入"http://localhost/phpmyadmin",得到phpMyAdmin管理界面,如图4-13所示。

---

① CodeIgniter官方网站地址为http://codeigniter.com。
② ThinkPHP官方网站地址为http://www.thinkphp.cn/。

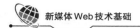

图 4-13　phpMyAdmin 首页

（一）新建数据库

在 phpMyAdmin 首页顶端点击"数据库"链接，在"新建数据库"文本框中输入需要创建的数据库名称，单击创建按钮即可创建数据库，如图 4-14 所示。如果要在数据库中存储多种语言，一般选择数据库的"排序规则"为"utf8_general_ci"，即在数据库中存储UTF8 文本，使得多种语言可以出现在同一个页面中。

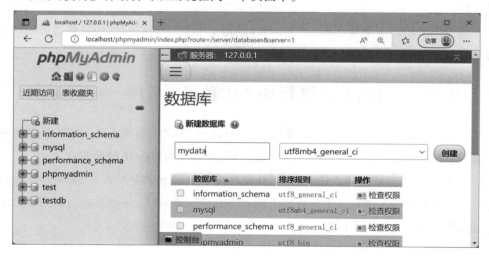

图 4-14　新建数据库

（二）创建数据表

数据库创建成功以后，在左侧窗口中单击刚创建的数据库名即可以开始创建数据表。在"名字"文本框中输入需要创建的表名，"字段数"用于设置表中字段的数量，单击

"执行"按钮,开始创建数据表字段,如图 4-15 所示。在该界面中可以创建表结构,定义各个字段的名称、数据类型、长度等。

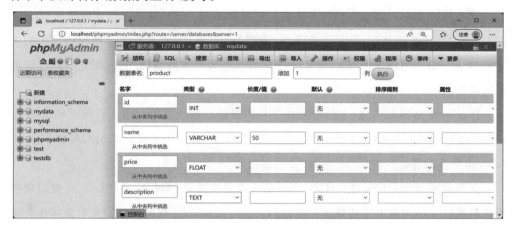

图4-15 创建表结构

字段输入完毕,单击"保存"按钮,新创建的表的表结构如图 4-16 所示。

图4-16 "product"表的结构

在 phpMyAdmin 还可以完成对 MySQL 的其他操作,如浏览数据、更改数据结构、执行 SQL 代码、搜索数据、插入数据、导出数据库、导入数据库等,可以按照选项卡中对应的提示来完成。利用图形界面操作,避免了频繁地编写复杂 SQL 语句过程,大大提高了数据库管理效率。

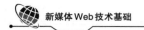

知识回顾

动态网页有客户端动态和服务器端动态两种类型。客户端动态技术集成了 HTML、CSS、JavaScript 等技术，运行在浏览器端，通过 JavaScript 脚本更改浏览器和页面中的内容和样式。服务器端动态技术指运行在 Web 服务器上的后端程序，向浏览器端提供需要的动态内容。

JavaScript 由核心语法、文档对象模型和浏览器对象模型等组成。在网页中使用 JavaScript 脚本可以在 SCRIPT 标记中写入代码或者通过 SCRIPT 标记的 SRC 属性引入 JavaScript 程序文件。

文档对象模型（DOM）把 HTML 文档看成有层次关系的对象，通过访问到某对象并操作其属性或调用其方法实现客户端动态。通过 JavaScript 框架可以简化对象操作并实现更复杂功能。一些典型的 JavaScript 框架有 jQuery、Vue 等。

服务器动态的一种典型语言为 PHP，它通过在普通 HTML 代码中嵌入 PHP 程序代码来实现，这些服务器端程序会在 Web 服务器上运行。PHP 语言通过丰富的功能模块实现文本操作、数据库操作等，特别是对 MySQL 数据库有很好支持。基于 PHP 语言的开发框架也非常丰富，如 Zend Framework、Laravel 等。

复习思考题

1. 什么是动态网页，其实现方法是什么？

2. 在网页中使用 JavaScript 的方法有哪些，各有何特点？

3. 什么是 BOM，什么是 DOM，其主要构成有哪些？

4. 什么是 jQuery，其主要功能是什么？如何使用？

5. 简述 PHP 的功能与作用。

6. 请访问 Vue 官方网站地址，试着实现教程中的一个例子。

第五章　网站制作案例——盛世茗茶

知识目标

☆ 网站策划是进行网站建设的第一个步骤,主要包括网站主题确立、栏目规划以及确定网站风格及其他一些重要事项。

☆ 在进行网站正式制作之前需要进行网站效果图的设计与绘制,明确网页版面布局,并导出相应图片素材、颜色设计等。

☆ 制作阶段先完成相应页面的 HTML 代码,然后完成 CSS 样式表。

☆ 网站留言板之类的动态功能需要先搭建支持 PHP 服务器端脚本的 Web 服务器,同时配置相应的数据库环境,然后完成 PHP 代码。

能力目标

1.掌握网站制作的整体流程。

2.掌握每个步骤关键操作。

思维导图

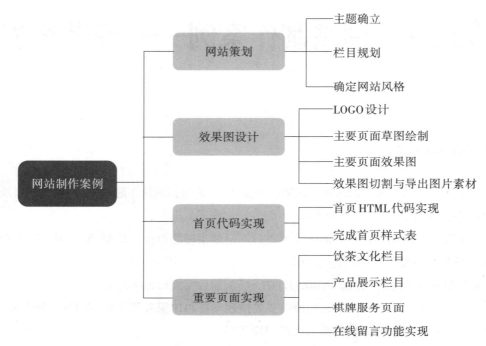

本章通过一个产品推广网站——盛世茗茶[1]为例,讲解一个基本网站的建设过程,包括功能需求分析、效果图设计等,最终完成 HTML 代码、CSS 代码。该案例网站以静态页面为主,通过此案例的学习主要掌握简单网站设计与制作的基本流程。

第一节　网站策划

在进行网站设计与开发之前,必须根据网站目标完成网站策划,对一些重要事项进行确定,并形成相关文档,然后才可以进入设计与制作阶段,这些重要事项包括网站主题、栏目以及网站风格等。如果没有进行网站策划,则设计与开发人员没有准绳可以参考,最终结果必然会与最初的想法相去甚远。

在进行网站策划前,先要进行功能需求分析,这需要甲方与设计制作方相关人员共同沟通商讨确定。首先甲方需要确定网站的基本目标,然后设计制作方相关人员到实

---

① 该案例在武汉大学新闻与传播学院学生分组综合实验基础上完成,该组员有李俐、田泽、包一楠等。

地调研,深入了解并获取相关资料。在获取这些信息后,制订网站主题与定位,并与甲方共同完善与改进。在确定了主题与定位后,由制作方根据资料制订网站栏目、确定网站风格等草案,最后与甲方相关人员商讨敲定。

一、主题确立

本案例是为一个销售茶叶的实体店制作网上推广的网站,近期目标是实现实体店面的产品展示、服务介绍等,远期目标是实现网络销售、互动推广、业务拓展等。

本案例主题是通过建立店面互联网站来提升品牌形象,在网站中结合该店特点对饮茶历史、文化、健康功能等进行介绍,突显茶叶经营的专业之处;并通过对本店产品、服务等进行展示与介绍,达到推广本店产品的目的,以期提高店面的销售量。

根据调研得知,该店的业务主要包括茶业产品销售以及饮茶、棋牌休闲等服务,因此网站要结合这两方面进行。茶业产品包括各类茶叶及茶具,针对居家、商务等消费人群,前者突出健康、实用、价格适中,后者突出产品高档、大气。棋牌休闲服务针对的是邻近居民,突出设施齐全、环境幽雅。

二、栏目规划

确定了网站主题,并收集整理完成相关资料后,即可开始网站栏目规划。网站栏目规划的主要任务是对所收集的大量资料进行有效筛选,并将它们组织成一个合理的、易于理解的逻辑结构。这样网站用户可以快速准确了解网站结构,并找到自己所需要的信息。

常见的网站结构主要有线性结构、层次结构和网状结构等三种。线性结构是最简单的逻辑结构,各个网页按照先后顺序进行线性组织。例如个人博客网站,其页面按照时间先后顺序进行组织,最后写的博客出现在最后,最早写的博客可按时间追溯浏览。再如进行用户注册时,需要接受相应条款、填写基本信息,最后完成注册,先后顺序不可颠倒。层次结构按照层次关系进行组织,整个结构像一棵倒置的树,最顶端是首页,各级栏目是树丫。用户访问时先从高层栏目开始,然后进入各级子栏目,直至找到所需要的内容。层次结构需要有明晰的栏目层次规划,栏目层次不宜太多,以3层左右为宜。网状结构是指多个网页相互之间都有超链接的结构,这种结构使得用户可以方便地在页面之间切换。在实际应用中,各种结构可能会结合使用。

本网站栏目主要采取层次结构,其结构如图 5-1 中示,包括"关于本店""饮茶文化"

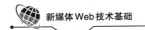

"棋牌服务""产品展示""在线留言""联系本店"等六个一级栏目。"饮茶文化"又分为"茗茶历史""茶与健康""茶技天地"等三个子栏目。"产品展示"是本站重点,所以分为了"茗茶展示""工艺品展示"两大类,每大类下又分若干子类。从首页可以进入各一级栏目,从各一级栏目页面可以进入各子栏目,以此类推。

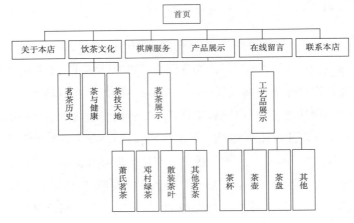

图5-1 网站栏目结构

注意,为了便于设计制作、浏览,在栏目规划时还要指定各栏目的英文目录名称,如表5-1所示。有时也可以用汉语拼音或者汉语拼音首字来代替英文目录,目的是便于设计人员交流,便于用户记忆。

表5-1 栏目名称及英文目录名称

栏目名称	英文目录名称
关于本店	about
饮茶文化	culture
棋牌服务	service
产品展示	products
在线留言	message
联系本店	contact

三、确定网站风格

确定站点的整体风格,也就是确定网站内容的大致表现形式,包括网页所采用的布局结构、颜色、字体等。虽然在后期设计时才能有网站的直观感受,但一个有效的策划应该对效果设计有大致约定。否则设计师没有任何参考,只能凭自己的主观判断进行,得到的设计效果可能会与当初设想相去甚远。网站风格主要有以下 3 种：

信息式：以文字信息为主，页面布局要求整齐划一、简洁明快。站点导航结构清楚，通常采用文字导航或者简单的按钮导航。例如常见的门户网站和信息分类网站属于此类。

画廊式：主要以图像、动画、多媒体为主，注重表现企业或者个人的形象与文化个性。其布局时尚新颖。

综合式：综合信息表达、个性表达，多种风格在网站中应用，使得网站的表现形式趋于模糊。

对风格的恰当应用是在布局、颜色、文字、图像等方面找到平衡点，让用户有较好的体验，也易于找到合适的信息内容。

本案例主题是茶叶，要体现其幽雅文化，也要展示其商品特征，因此选取恰当的风格尤为重要。在首页布局上采取个性独特的风格，以图片显示为主；颜色及字体上尽显淡雅，颜色以绿色为主。各个子栏目以不同的颜色加以区别，以便用户能识别当前栏目。"饮茶文化"主要是文字介绍，因此以信息式风格为主；"产品展示"采用大量图片进行直观展示。

第二节　效果图设计

网站策划完毕后，接下来开始进入设计环节，包括重要页面的草图等。草图主要用于设计制作团队之间以及与客户之间的快速沟通，以讨论设计意图。另外，有的美工设计人员习惯于用手绘图，可以更好体现思维。有了设计草图后即可开始重要页面以及各个模板的效果设计，确定重要的设计元素，以便后期制作。

通过 Axure[①]和摹客[②]之类的原型设计软件系统快速进行原型设计，以便与客户以及开发团队成员间沟通交流。

一、LOGO 设计

网站 LOGO（标识）是企业形象识别系统 CIS（Corporate Identity System）的重要组成部

---

① Axure 官方网址为 https://www.axure.com/。
② 摹客官方网址为 https://www.mockplus.cn/。

分,在网站的显著位置需要放置这些图标,例如导航栏位置、文本输入处等,以让用户加深印象、提高企业识别度。

在不同位置所需要的 LOGO 大小有区别,为了达到最好的效果,需要制作不同分辨率的 LOGO 图像,例如 88*31、120*60、120*90 等。

图 5-2　Favico 图标效果

另外,网站中还可以加入一个特殊的图标文件——favicon.ico,通常是网站 LOGO 的缩小版本。将该文件放置于网站根目录下,当用浏览器浏览该网站时,则会在地址栏或者标签栏显示该图标。如图 5-2 所示,浏览器标签栏显示了各网站的 favicon.ico 图标。有的浏览器需要在网页 head 元素中加入以下代码才能正常显示该图标:

```
<link rel="shortcut icon" href="/favicon.ico">
```

具体可以参照 W3C 对如何添加 Favicon 的建议[①]。该图标大小通常为 16*16 或者 32*32。这是一种特殊的文件格式,需要用专门的软件来制作。

本案例中网站 LOGO 如图 5-3 所示,采用绿色为背景并配以抽象的茶叶图标和文字,以突出网站主题。

图 5-3　网站 LOGO

二、主要页面草图绘制

在开始绘制效果图之前先在纸张上绘制出页面草图,可以对页面效果进行大致展示,对一些重要元素进行确定,有利于效果图设计,也有利于设计人员之间相互沟通。设计草图可以用铅笔、水性笔等进行,也可以经彩绘上色以得到更为逼真的效果。如有必要还可以标上图片、布局尺寸等信息。也可以采用绘制草图的软件来绘制草图,利用其模型库,快速搭建出一个页面的草图。

在本案例中我们绘制了首页、饮茶文化、产品展示、棋牌服务等页面的草图。

---

① How to Add a Favicon to your Site[J/OL],W3C[2015-12-20],http://www.w3.org/2005/10/howto-favicon。

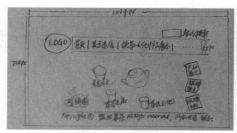

图 5-4　首页草图

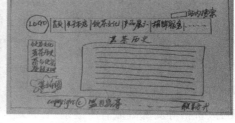

图 5-5　茗茶历史草图

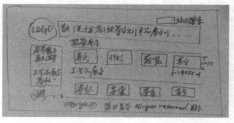

图 5-6　产品展示草图

图 5-7　棋牌服务草图

三、主要页面效果图

　　根据草图的大致要求，开始进行效果图制作。可以选用熟悉的图像设计软件来完成效果图制作，如 Photoshop、Fireworks 等。在设计时要注意将各类页面元素进行分层，如图 5-8 所示。分层设计的效果图有利于后期进行各元素的分割，例如底图、LOGO、导航栏、图片等。

图 5-8　效果图设计时分层进行

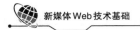

　　通常要设计的效果图有首页、各级子栏目的首页以及一些模板页面。首页是用户访问网站的第一个页面,会给用户最重要的直观感受,同时其风格也会被其他页面作为参考,以保持整个网站一致。较大的子栏目也可以设计一个子栏目首页,通常与首页要有所区别,子栏目之间也有所区别。有时一系列页面共享一个版式风格,页面之间只有局部区别,这就是模板页面。例如介绍各种茶叶产品的页面,这些页面只在产品名称、图片、价格等局部区域有所区别。

图5-9　首页效果图

　　模板页面是一系列相似页面的共同框架,这些页面间只有少部分有区别。例如"饮茶文化"栏目中的"茗茶历史""茶与健康""茶技天地"等页面都共享同一个模板。

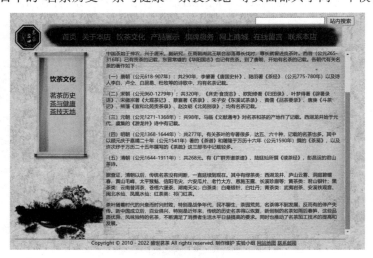

图5-10　饮茶文化栏目模板页

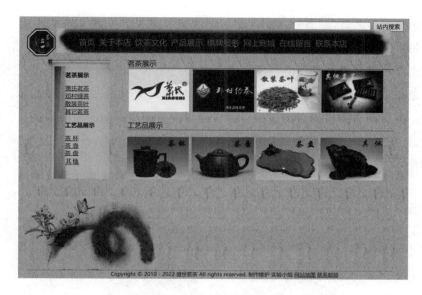

图 5-11　产品展示模板页

图 5-12　棋牌服务页

四、效果图切割与导出图片素材

效果图设计完毕，并得到各方认可后，就可以开始进入制作环节。首先是图像切割，将效果图中的各元素通过图像处理软件的切割功能分离出来，这些元素包括：图标、背景纹理图等。

187

　　在进行切割之前,必须先分析网页版面,考虑其实现方法,然后根据版本实现要求分割相关素材。下面以首页为例分析其版面。

　　由首页效果图可以看到,首页可以大致分为上中下三个部分。顶端包含搜索框、LOGO、菜单,中间部分是主体,由大茶壶以及围绕在其周围的一系列图片组成,且图片的排列并不规则,需要采用绝对定位,用坐标定位这些图片。底部是版权信息。根据以上分析,首页宜采用 DIV+CSS 实现。画出版面中的各重要版块,并命名各版块,以便后期 HTML 及 CSS 代码实现,版块如图 5-13 所示。

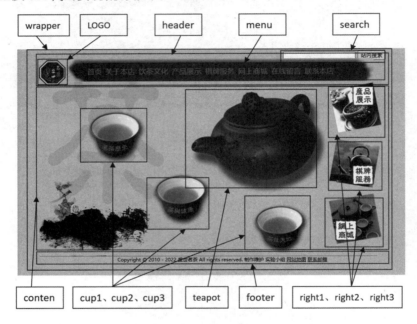

图 5-13　首页版面划分

　　接下来按照版块需要取出效果图中的相应素材,不同图片处理软件都有相应切割工具来实现素材切割,例如 Photoshop 里有切片工具　。选取该工具,并关闭不需要的图层,在图中画出相应区域。需要修改切片属性时,可以用切片选取工具　,例如改变切片大小位置等。选取该工具,在要修改的切片上双击鼠标,可以设定切片选项,如图 5-14 所示。给每个切片指定不同的英文名称,这样保存后得到相应的图片文件名。

　　如图 5-15 所示为首页切割效果,该图在切割时隐藏了其他无关图层。

　　最后,要将切片导出为相应图片。选取"文件"→"保存为 Web 所用格式"→"确定",然后指定保存位置。最后得到相应的素材文件,如图 5-16 所示。注意,我们只关心其中指定了文件名的图片,如 bg.png、bg_menu.png、bg_tea.png、line.png 等,并将这些文件拷贝到网站图片目录下："tea\image\"。其他文件由 Photoshop 自动命名，不必理会。

图 5-14 给每个切片指定名称

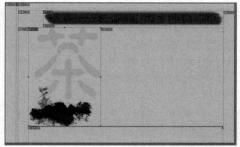

图 5-15 首页背景要素切割

在 Photoshop 中隐藏背景图层，显示其他图层，并用前面相同的方法切割相应素材，最后我们得到了首页需要的所有素材图片，如图 5-17 所示。

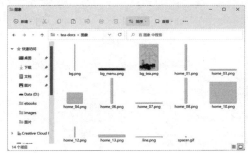

图 5-16 背景素材

图 5-17 首页所需的所有图片素材

第三节 首页代码实现

一、首页 HTML 代码实现

如前所述，由于首页中的茶壶、茶杯以及右边的链接图片的摆放位置并不规则，所以需要采用 DIV+CSS 方式来实现定位。

按图 5-13 中的版面布局实现首页代码，要注意 DIV 的嵌套关系：最外层为 wrapper，包含了所有版面内容，然后分上中下三个部分，分别为 header、content、footer，header 中包含了 LOGO 和 menu，content 以 bg_tea.png 为背景，包含了茶壶、茶杯等链接，footer 中包含

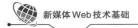

了版权信息。并将其保存为index.html,其文本编码应该选择UTF-8,代码如下:

```html
<html>
    <head>
        <title>盛世茗茶 武汉茶行 凯乐花园茶行 光谷茶行</title>
        <meta charset="utf-8">
    </head>
    <body>
        <div id="wrapper">
            <div id="head">
                <div id="logo"><img src="image/logo.png" width="70" /></div>
                <div id="menu">
                    <a href="index.html">首页</a>
                    |<a href="about/index.html">关于本店</a>
                    |<a href="culture/index.html">饮茶文化</a>
                    |<a href="show/index.html">产品展示</a>
                    |<a href="service/index.html">棋牌服务</a>
                    |<a href="shoppre.html">网上商城</a>
                    |<a href="message/index.php">在线留言</a>
                    |<a href="contact/index.html">联系本店</a>
        </div>
            </div>
            <div id="content">
                <div id="teapot">
                    <img src="image/teapot.png" width="340" alt="茶壶">
                </div>
                <div id="cup1">
                    <a href="culture/culture.html"><img id="cup1" src="image/cup1.png" width="160" alt="茗茶历史" /></a>
                </div>
                <div id="cup2">
```

```
                <a href= "culture/culture.html" ><img id= "cup2" src= "image/
cup2.png" width="160" alt="茶与健康" /></a>
                </div>
                <div id="cup3">
                    <a href= "culture/culture.html" ><img id= "cup3" src= "image/
cup3.png" width="160" alt="茶技天地" /></a>
                </div>

                <div id="right1">
                    <a href= "show/show. html" ><img  id= "right1" src= "image/
right1.png" width="130" alt="产品展示" /></a>
                </div>
                <div id="right2">
                    <a href= "service/service.html" ><img id= "right2" src= "image/
right2.png" width="130"  alt="棋牌服务" /></a>
                </div>
                <div id="right3">
                    <a href= "shoppre. html" ><img id= "right3" src= "image/right3.
png" width="130"  alt="网上商场" /></a>
                </div>
            </div>
            <div id="footer">
            <div id="line"></div>
            Copyright © 2010－2022盛世茗茶 All rights reserved. 制作维护实
验小组
            <a href="sitemap.html">网站地图</a>
            <a href="mailto:xxxx@gmail.com">联系邮箱</a>
            </div>
        </div>
    </body>
```

191

```
</html>
```

由于只完成了 HTML 内容代码,还没有相应的样式表对各个 DIV 进行定位,此时版面效果还很混乱,如图 5-18 所示。

图 5-18   只完成 HTML 代码的首页效果

二、完成首页样式表

接下来对 HTML 代码中的各内容进行样式设定,以使其与效果图一致。

首先,在首页 HTML 代码 head 元素中加入:

```
<link href="css/main.css" rel="stylesheet" type="text/css">
```

来引入样式表文件 css/main.css。

接下来创建该样式表文件,在其中输入如下内容:

```
body{
    background: url("../image/bg.png");
    margin: 0px;
}

#wrapper{
    margin-left:50px;
    margin-top:20px;
    width:900px;
}

#search{
    float:right;
```

```
        margin-right:50px;

        margin-bottom:-20px;

}

#header{

        height:70px;

}

#logo{

        float:left;

        padding-top:20px;

}

#menu{

        width:750px;

        height:50px;

        background: url("../image/bg_menu.png");

        background-repeat:no-repeat;

        padding-left:50px;

        padding-top:20px;

        float:left;

}

#menu a:link, #menu a:visited{

        color:#9f9f9e;

        text-decoration:none;

        font-size:18px;

}

#content{

        height:450px;

    background: url("../image/bg_tea.png");

        background-repeat:no-repeat;

}

#line{

        height:2px;
```

```css
    background: url("../image/line.png");
    background-repeat:no-repeat;
}
#footer{
    font-size:12px;
    text-align:center;
}
#teapot{
    top:120px;
    left:420px;
    position:absolute;
}
#cup1{
    top:80px;
    left:80px;
    position:absolute;
}
#cup2{
    top:160px;
    left:160px;
    position:absolute;
}
#cup3{
    top:200px;
    left:280px;
    position:absolute;
}
#right1{
    top:50px;
    left:380px;
    position:absolute;
```

```
    }
#right2 {
    top:120px;
    left:380px;
    position:absolute;
}
#right3 {
    top:190px;
    left:380px;
    position:absolute;
}
```

在输入相应样式表属性时,要尽量与HTML代码中出现的次序相对应,以便修改样式表时能很快找到相应内容。另外,由于修改样式表文件中的位置属性时,并不能立即看到效果,需要保存文件并在浏览器中刷新网页才可以看到真实效果,所以首页中的茶壶、茶杯等元素位置坐标可能需要多次修改调整才可得到合适的效果。

更改了样式表后的网页效果如图 5-19 所示,基本达到设计效果。

图　5-19　首页最终效果

第四节　重要页面实现

一、饮茶文化栏目

　　首先根据前面的效果图进行版面分析与图像素材切割。版面如图 5-20 所示,整体结构与首页相同,不同的是中间的 content 部分被分为了 leftside 和 rightside 两部分。左侧部分放置栏目子菜单,右侧部分放置正文内容。右侧文本可能较长,可能会溢出 rightside 的高度,因此需要将其 overflow 属性设置为 auto,以便在必要时出现滚动条,而不破坏整体版面。

　　根据前面的版面分析要求,对效果图进行切割与导出,得到本页需要的图片素材,如图 5-21 所示。将这些图片素材文件放置在 culture 子目录的 image 目录中。

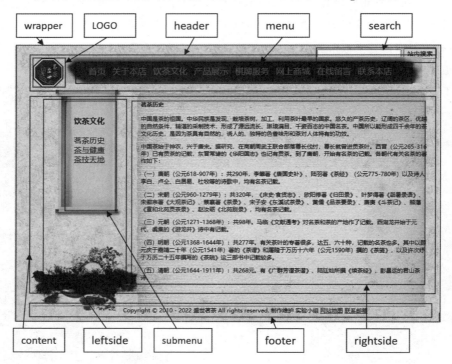

图 5-20　饮茶文化版面分析

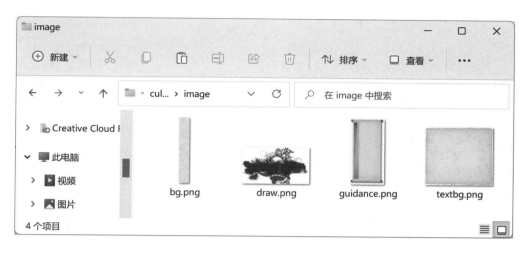

图 5-21　饮茶文化图片素材

复制首页 HTML 文档 index.html 为 cultule/index.html 作为饮茶文化首页，并修改其 title 为饮茶文化首页标题，并在 head 中添加一个新的样式表文件 culture.css。接下来重点修改 id 为 content 的 DIV 中的内容，得到如下 HTML 代码[①]：

```
<html>
<head>
  <title>盛世茗茶 饮茶文化 武汉茶行 凯乐花园茶行 光谷茶行</title>
  <meta charset="utf-8">
  <link href="../css/main.css" rel="stylesheet" type="text/css">
  <link href="../css/culture.css" rel="stylesheet" type="text/css">
</head>
<body>
  <div id="wrapper">
    <div id="search">
      <form method="post">
        <input type="text" name="searchtext" width="20" />
        <input type="submit" value="站内搜索" />
      </form>
    </div>
```

---

① 由于篇幅原因，正文中关于饮茶历史的介绍的文本内容用"……"代替。

197

```
<div id="header">
    <div id="logo"><img src="../image/logo.png" width="70" /></div>
    <div id="menu">
        <a href="index.html">首页</a>|
        <a href="about/index.html">关于本店</a>|
        <a href="culture/index.html">饮茶文化</a>|
        <a href="show/index.html">产品展示</a>|
        <a href="service/index.html">棋牌服务</a>|
        <a href="shoppre.html">网上商城</a>|
        <a href="message/index.php">在线留言</a>|
        <a href="contact/index.html">联系本店</a>
    </div>
</div>

<div id="content">
    <div id="leftside">
        <a><b>饮茶文化</b></a><br>
        <br><a>茗茶历史</a>
        <br><a href="culture2.html">茶与健康</a>
        <br><a href="culture3.html">茶技天地</a>
    </div>
    <div id="rightside">
        <h4>茗茶历史</h4>
        中国是茶的祖国。中华民族是发现、栽培茶树......
        <p> 中国茶始于神农......</p>
        <p> (一)唐朝(公元 618-907 年):共 290 年,......</p>
        ......
    </div>
</div>
<div id="footer">
    <div id="line"></div>
```

```
                Copyright © 2010 - 2022 盛世茗茶 All rights reserved. 制作维护 实验小组
            <a href="sitemap.html">网站地图</a>
            <a href="mailto:xxxx@gmail.com">联系邮箱</a>
        </div>
    </div>
</body>

</html>
```

本页中用到了两个样式表文件 main.css 和 culture.css，在 culture.css 需要对 main.css 中已经设定过的对象进行重新设置，以覆盖其属性，因此在 HTML 中导入样式表文件时一定要注意导入顺序，main.css 在前，culture.css 在后。culture.css 内容如下：

```
body{
    background: url("../culture/image/bg.png");
}
#content{
    height:500px;
    background: url("../culture/image/draw.png");
    background-repeat:no-repeat;
    background-position:bottom left;
}
#leftside{
    width:100px;
    height:250px;
    margin-left:50px;
    padding-top:60px;
    padding-left:40px;
    background: url("../culture/image/guidance.png");
    background-repeat:no-repeat;
    float:left;
}
#rightside{
```

199

```
    height: 450px;

    width: 600px;

    margin-left: 220px;

    margin-top: 10px;

    padding: 10px;

    background: url("../culture/image/textbg.png");

    background-repeat: no-repeat;

    font-size: 12px;

    overflow: auto;

}
```

  加入样式表后,得到的效果如图 5-22 所示。饮茶文化中其他页面,如"茶与健康""茶技天地"等页面与"饮茶历史"共用模板,因此只需要更改 id 号为 rightside 的 DIV 中的内容即可。

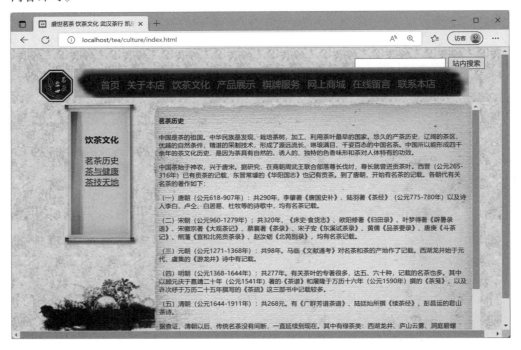

图 5-22　茗茶历史最终效果

200

二、产品展示栏目

首先切割"产品展示"效果图,得到如图 5-23 所示的素材图片。在网站根目录下建立 products 目录,将这些素材图片放在该目录下的 image 子目录下。

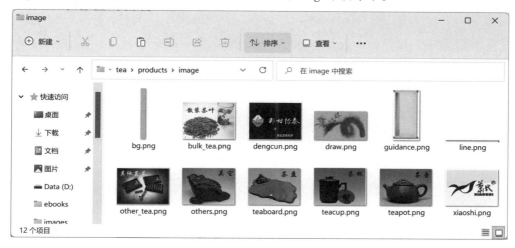

图 5-23　产品展示图片素材

由于"产品展示"栏目与"饮茶文化"栏目基本框架一致,主要不同点是标题、样式表链接文件、中间 content 区域中的内容,因此可以拷贝其页面再进行修改。

将 culture 中的 index.html 拷贝到 products 目录中,修改其 title 标记内容为:

```
<title>盛世茗茶 产品展示 武汉茶行 凯乐花园茶行 光谷茶行</title>
```

然后修改其样式表链接代码为:

```
        <link href="../css/main.css" rel="stylesheet"
type="text/css">
        <link href="../css/products.css" rel="stylesheet"
type="text/css">
```

最后修改其 id 号为 content 的 DIV 标记内容为:

```
        <div id="content">
            <div id="leftside">
                <a><b>茗茶展示</b></a><br>
                <p>
                <a href="xsshow.html">萧氏茗茶</a><br>
```

```
                            <a href="dcshow.html">邓村绿茶</a><br>

                            <a href="szshow.html">散装茶叶</a><br>

                            <a href="otshow.html">其他茗茶</a><br>

                            </p><p>

                            <a><b>工艺品展示</b></a><br>

                            </p><p>

                            <a href="tcshow.html">茶 杯</a><br>

                            <a href="tpshow.html">茶 壶</a><br>

                            <a href="tbshow.html">茶 盘</a><br>

                            <a href="qtshow.html">其 他</a>

                </div>

                <div id="rightside">

                    茗茶展示

                    <img src="image/line.png" width="600">

                    <div id="d11"><a href="xsshow.html"><img src="image/xiaoshi.
png"></a></div>

                    <div id="d12"><a href="dcshow.html"><img src="image/dengcun.
png"></a></div>

                    <div id="d13"><a href="szshow.html"><img src="image/bulk_tea.
png"></a></div>

                    <div id="d14"><a href="otshow.html"><img src="image/other_tea.
png"></a></div>


                    <p>工艺品展示

                    <img src="image/line.png" width="600">

                    <div id="d21"><a href="tcshow.html"><img src="image/teacup.
png"></a></div>

                    <div id="d22"><a href="tpshow.html"><img src="image/teapot.
png"></a></div>

                    <div id="d23"><a href="tbshow.html"><img src="image/teaboard.
png"></a></div>
```

```
                    <div id="d24"><a href="qtshow.html"><img src="image/others.
png"></a></div>
                        </div>
                    </div>
```

修改好HTML文件并保存后,在样式表文件夹中建立products.css,并输入如下内容:

```
body{
    background: url("../products/image/bg.png");
}

#content{
    height:500px;
    background: url("../products/image/draw.png");
    background-size: 300px;
    background-repeat:no-repeat;
    background-position:bottom left;
}

#leftside{
    width:100px;
    height:250px;
    margin-left:50px;
    padding-top:30px;
    padding-left:40px;
    background: url("../products/image/guidance.png");
    background-repeat:no-repeat;
    float:left;
    font-size:10pt;
}

#rightside{
    height:450px;
    width:600px;
    margin-left:220px;
    margin-top:10px;
```

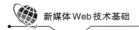

```
        padding:10px;
    }
#d11,#d12,#d13,#d14,#d21,#d22,#d23,#d24{
        display:inline;
    }
#d11 img,#d12 img,#d13 img,#d14 img, #d21 img,#d22 img,#d23 img,#d24 img{
        width:140px;
        height:100px;
    }
```

保存并用浏览器浏览,最后得到如图 5-24 所示的效果。

图5-24　产品展示最终效果

三、棋牌服务页面

首先切割"棋牌服务"效果图,得到图片素材,如图 5-25 所示。在网站根目录下建立 service 子目录,将这些图片素材放在其 image 子目录下。在棋牌服务页面有大量图片展示,为了便于用户浏览,为每幅图制作了小分辨率缩略图片,如 0.png 的缩略图为 t_0. png。当用户单击缩略图时,则显示其大图。

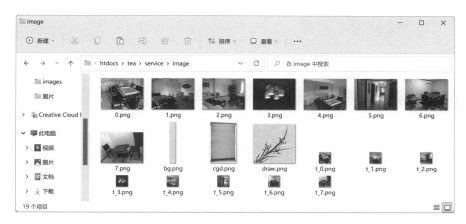

图 5-25　棋牌服务图片素材

采用前面的方法,在相似模板的网页上进行修改。将 products 目录下的 index.html 拷贝到 service 目录,修改其 head 标记内容为:

```
<head>
    <title>盛世茗茶 棋牌服务 武汉茶行 凯乐花园茶行 光谷茶行</title>
    <meta charset="utf-8">
    <link href="../css/main.css" rel="stylesheet" type="text/css">
    <link href="../css/service.css" rel="stylesheet" type="text/css">
    <script>
        function chgimg(imgfile){
            var img = document.getElementById('bigimg');
            img.src = "image/" + imgfile;
        }
    </script>
</head>
```

除了标题和样式表区别外,比其他网页多了 JavaScript 代码,该代码主要是定义了一个切换图片的函数 chgimg( ),该函数首先取得显示图片的对象,然后改变其 src 属性值为指定图片即可。在正文中点击缩略图片时会调用该函数来切换图片。

修改其 content 区块内容为:

```
<div id="content">
    <div id="leftside">
        本店店内提供棋牌服务,大小包厢环境优美、格调高雅,是
```

打牌下棋、休闲会友的好去处。

```
                                </div>
                                <div id="rightside">
                                        <div id="bigimgs"><img src="image/0.png" id="bigimg"></
div>
                                        <div id="smallimgs"><img src="image/t_0.png" onclick="ch-
gimg('0.png')"><img src="image/t_1.png" onclick="chgimg('1.png')"><img src="image/t_2.
png" onclick="chgimg('2.png')"><img src="image/t_3.png" onclick="chgimg('3.png')"><
img src="image/t_4.png" onclick="chgimg('4.png')"><img src="image/t_5.png" onclick="ch-
gimg('5.png')"><img src="image/t_6.png" onclick="chgimg('6.png')"><img src="image/t_7.
png" onclick="chgimg('7.png')"></div>
                                </div>
                        </div>
```

最后保存 service.html。

接下来在 css 目录下建立样式表文件 service.css，输入如下内容：

```
body{
    background: url("../service/image/bg.png");
}
#content{
    height:470px;
    background: url("../service/image/draw.png");
    background-size: 300px;
    background-repeat:no-repeat;
    background-position:bottom left;
}
#leftside{
    width:120px;
    height:250px;
    margin-left:50px;
    padding-top:30px;
    padding-left:10px;
    background: url("../service/image/cgd.png");
    background-size:100% 70%;
```

```
        background-repeat:no-repeat;

        float:left;

        font-size:10pt;

    }

    #rightside{

        height:450px;

        width:600px;

        margin-left:220px;

        margin-top:10px;

        padding:10px;

    }

    #bigimg img{

        text-align:center;

        height:300px;

    }

    #smallimg img{

        margin:10px;

    }
```

保存该样式表,并在浏览器中浏览该页面,得到如图 5-26 所示的最终效果。

图 5-26　棋牌服务最终效果

四、在线留言功能实现

在线留言功能让用户可以提交留言信息到后台数据库中,管理员可以进行回复,并将结果显示在留言板,从而实现用户与网站的双向沟通。

要实现这一功能,我们需要通过表单接受用户输入,然后这些信息需要提交给后台PHP程序,PHP程序读取这些信息并存储到数据库中。因此我们需要建立起支持PHP语言的Web服务器环境,同时需要搭建数据库环境。

1.建立运行环境

首先按照第一章第三节的步骤安装并运行XAMPP。接下来我们需要建立一个虚拟机以运行本安全环境。

打开XAMPP安装目录下的"\apache\conf\extra\httpd-vhosts.conf"文件,在其中加入如下代码来建立一个虚拟网站:

```
Listen 8080
<VirtualHost *:8080>
    DocumentRoot D:\www\test\tea
        <Directory "D:\www\test\tea">
            AllowOverride All
            #Order allow,deny
            #Allow from all
            Require all granted
        </Directory>
</VirtualHost>
```

其中"D:\www\test\tea"为网站根目录,可以根据需要修改为自己环境的配置。保存上面的配置文件并重启XAMPP中的Apache服务以使得配置生效。

在浏览器地址栏中输入地址"http://localhost:8080/"检查网站是否正常配置,如果得到了正常显示的饮茶文化网站首页,说明已经正常运行。

2.创建数据库

首先创建用户及数据库。在浏览器中打开XAMPP的phpMyAdmin管理界面,点击"用户"标签页,在出现的页面中点击"添加用户"链接,得到如图5-27所示的添加用户窗口。在其中输入创建的用户名及密码,并记住该密码。为了简化数据库创建操作,请勾选"创建与用户同名的数据库并授予所有权限",这样就同时创建了一个同名的数据库,并让该用户可以访问该数据库。

图5-27　　添加用户及数据库

接下来创建用于存储留言板内容的表message。在数据库列表中点击刚才创建的数据库tea,然后在得到的页面中输入要创建的表名称以及字段数,如图5-28所示。点击"执行"按钮开始输入字段具体信息,如图5-29所示,每个字段具体信息如表5-2所示。

表5-2　字段类型

字段名	类型	意义
ID	INT,自动增加	自动编号,用于记录留言编号
name	varchar(20)	姓名
contents	text	内容
mail	varchar(50)	电子邮件地址
phone	varchar(50)	电话
reply	text	回复

图5-28　输入表名及字段数

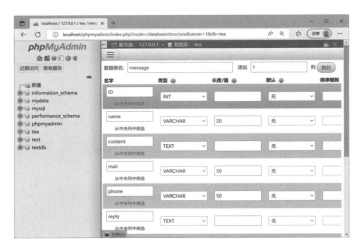

图 5-29　指定字段详细信息

由于 ID 是自动编号，在添加数据时不需要指定值，要实现此功能在设置字段时一定要选中该字段后的 Auto Increment（A_I）选项。

3.创建 HTML 代码

在相似模板的网页上开始修改。将 products 目录下的 index.html 拷贝到 message 目录中，将文件名改为 index.php，并修改其 head 标记内容为：

```
<head>
    <title>盛世茗茶 在线留言 武汉茶行 凯乐花园茶行 光谷茶行</title>
    <meta charset="utf-8">
    <link href="../css/main.css" rel="stylesheet" type="text/css">
    <link href="../css/message.css" rel="stylesheet" type="text/css">
</head>
```

修改其 content 区块内容为：

```
            <div id="content">
                <div id="leftside">
                    <b>网友留言</b><br>......................................................
<? php
//TODO:此处输入 PHP 代码,用于从数据库读取留言
? >
                </div>
                <div id="rightside">
```

```
<form method="post" action="add.php">
    <table cellspacing="0" border="0" align="center" cellpadding="2">
        <tr><td colspan="3">我要留言</td> </tr>
        <tr >
            <td colspan="1">留言人：</td>
            <td align= "left"  colspan= "2" ><input type= "text" name="user" size="39" maxlength="14"></td>
        </tr>
        <tr class="h2">
            <td colspan="1" > 留言内容：</td>
            <td align= "left" colspan="2" ><textarea name= "contents" id= "contents" cols= "33" rows= "6" maxlength= "90" onkeyup= "return isMaxLen (this)"></textarea></td>
        </tr>
        <tr align= "center" ><td colspan= "3" style= "color: #FF3300">*需要我们联系您时填写,以下信息将保密</td></tr>
        <tr>
            <td  class="h2">电子邮箱：</span></td>
            <td  colspan= "2"  align= "left" ><input type= "text" name="mail" size="39" maxlength="30"  ></td>
        </tr>
        <tr class="h2">
            <td >联系电话：</td>
            <td  align= "left" ><input  type= "text"  name= "phone" size="24" maxlength="15" /></td>
            <td><input type="submit" value="提交留言"></td>
        </tr>
    </table>
</form>
```

```
                    <br>
                    <img src="./image/draw.png" width="450" />
                </div>
            </div>
```

4. 创建 CSS 文件

接下来在 css 目录下建立样式表文件 message.css，输入如下内容：

```css
body{
    background: url("../message/image/bg.png");
}
#content{
    height:500px;
    background: none;
}
#leftside{
    width:250px;
    float:left;
    font-size:10pt;
    margin-left:80px;
    margin-top:30px;
}
#rightside{
    height:500px;
    width:500px;
    margin-left:220px;
    margin-top:10px;
    padding:10px;
    font-size:10pt;
}
#d11,#d12,#d13,#d14,#d21,#d22,#d23,#d24{
    display:inline;
```

```
        }
    #d11 img,#d12 img,#d13 img,#d14 img, #d21 img,#d22 img,#d23 img,#d24 img{
        width:140px;
        height:100px;
    }
```

此时我们可以查看页面结果,如图 5-30 所示。左侧用于显示留言列表内容,右侧放置表单,用户可以输入留言信息,由于此时 PHP 代码还没有建立,并不能正常输入并提交。

图 5-30　留言板静态页面

5.创建PHP代码

在创建 PHP 代码前,让我们先看一下程序流程。如图 5-31 中所示,用户首先访问 index.php,并在其中显示数据库已经留言的内容,并显示输入表单。当用户输入完毕并点击提交留言按钮,表单数据会被提交到 add.php,该程序接受表单数据,存入数据库,最后返回 index.php 页,此时可以看到新添加的留言内容。

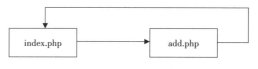

图 5-31　留言板流程图

213

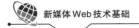

以上两个文件中都需要用到数据库连接操作,为了便于管理,通常将数据库连接信息放置在一个单独的文件中,下面我们来建立这个数据库连接文件。在 message 目录下建立文件"db.inc.php"(其中的 inc 是 include 的意思,表示该程序不能单独运行,需要插入其他程序文件中),并输入如下代码:

```php
<? php
$conn=mysqli_connect("localhost","tea","tea");
mysqli_query($conn, "set names ´utf8´");
mysqli_select_db($conn, "tea");
```

接下来完成 index.php 文件。打开 message/index.php,在"//TODO"行下面输入如下代码:

```php
require_once("db.inc.php");
//从数据库读出并显示留言记录
$pagesize=4;
if ( @$_REQUEST[´pagenumber´] )
    $pagenumber = $_REQUEST[´pagenumber´];
else
    $pagenumber=1;


$rs = mysqli_fetch_row( mysqli_query($conn, "select count(*) from message "));
$totalcount = $rs[ 0 ];
$exec="select * from message order by id desc limit " . (($pagenumber−1)*$pagesize)." ,4";
$result=mysqli_query($conn, $exec);
while($rs=mysqli_fetch_object($result)){
    echo "<p>姓名:".$rs->name;
    echo "<p>留言:".$rs->contents;
    if ($rs->reply == null) {
        echo "<br/>";
    }else{
        echo "回复:".$rs->reply;
    }
    echo "...............................................";
```

214

```
        echo "<br />";
    }


    if( $pagenumber > 1 ){
        echo "<a href=message.php? pagenumber=" . ( $pagenumber −1 ). ">前一页</a>
  " ;
    }


    if($pagenumber < $totalcount / $pagesize ){
        echo "<a href=message.php? pagenumber=" . ( $pagenumber + 1)." >后一页</a>";
    }


mysqli_close($conn);
```

最后在 message 目录下建立新文件 add.php，并输入以下代码：

```
<? php
require_once("db.inc.php");


$name=$_POST['user'];
$contents=$_POST['contents'];
$mail=$_POST['mail'];
$phone=$_POST['phone'];


$exec="insert into message(name,contents,mail,phone) values('$name','$contents','
$mail','$phone')";
    if (mysqli_query($conn, $exec))
        echo "添加留言成功,谢谢您的留言！";
    else
        echo "添加留言失败";
echo "<p><a href=index.php ><center>返回主页面</center></a>";
mysqli_close($conn);
? >
```

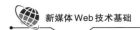

```
<html>
  <head>
    <meta http-equiv='refresh' content='3;url=index.php'>
    <meta http-equiv="Content-Type" content="text/html; charset=utf-8">
  </head>
  <body>
    <p>谢谢您对本站的支持,三秒后返回……
  </body>
</html>
```

保存PHP代码文件。在留言板表单中输入内容并提交,得到如图5-32所示的结果。

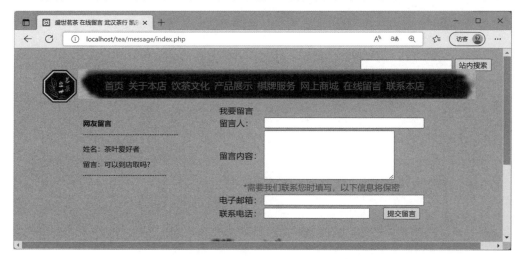

图5-32　完成表单代码功能后的留言板

至此,我们完成了"盛世茗茶"网页的留言板功能。

🎙 知识回顾

本章通过案例展示了如何开发一个完整网站,包括网站策划、效果图设计以及前后端代码实现等。

网站策划包括网站主题确立、栏目规划、网站风格确定等。栏目规划需要划分出网站的栏目结构,包括栏目的英文目录名称等。网站风格确定包括制订网站的布局、颜色、字体等。

效果图设计需要根据网站策划确立网站的LOGO、首页、各栏目二级页面以及其他一些重要页面的效果。可以在手绘的基础上再通过绘图设计软件来实现,也有原型设计系统可以直接进行原型设计。设计好的效果图可以切片然后导出形成素材文件,以便后期代码实现。

代码实现包括前端代码和后端代码,前面即浏览器端的HTML、CSS、JavaScript代码,后端则根据选用的网站搭建平台语言来定,通常还需要数据库支持。

💬 复习思考题

1.什么是网站策划,主要有哪些环节?

2.在进行效果图设计时应该考虑哪些后期问题?

3.如何将效果图转换为相应网页?

4.什么是模板? 在哪些情况下需要使用模板?

5.通过PHP实现留言板功能的主要步骤有哪些?

6.请策划一个小型网站,比如个人主页。

第六章　利用CMS搭建网站

知识目标

☆ 内容管理系统是用于快速搭建网站的系统,包含了常见网站的大多功能。内容管理系统包含了后台管理和前台网站两部分。

☆ 熟悉国内典型的内容管理系统,以及这些系统的主要功能,采用的不同开发语言、数据库等。

能力目标

1.掌握了解常用的内容管理系统的结构及功能。

2.了解Joomla! 内容管理系统进行建站的过程。

思维导图

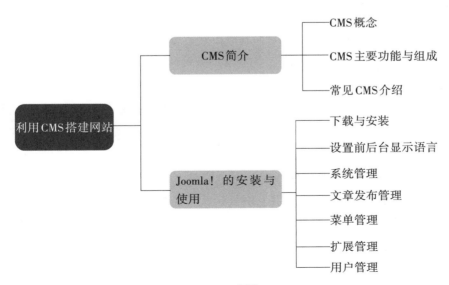

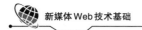

在Web发展的早期,进行网站内容管理基本上都是靠手工维护,在本地制作每一个页面,然后上传到远程服务器。每当需要更新网站内容时,都需要制作一个新的页面,工作强度大。随着Web的发展,网站的内容越来越多,更新也越来越频繁,如果继续靠手工完成网站的更新和维护,需要花费许多时间、人力和物力。

在这种情况之下CMS(内容管理系统)应运而生,它通过一个软件系统,辅助用户完成网站的建立和内容的更新与维护,让用户可以快速建立起一个包含了大多数功能的网站系统。有的内容管理系统还将企业内部的办公系统、流程管理系统等联系起来,让企业内部的相应内容能快速发布到网站中去。

本章在介绍内容管理系统概念的基础上,以典型的内容管理系统为例,讲述如何用内容管理系统快速建立一个网站的步骤。

第一节　　CMS简介

一、CMS概念

CMS是Content Management System的缩写,即"内容管理系统"。内容管理的重点是解决各种非结构化、半结构化数字资源的采集、管理、利用、传递和增值,并能有机集成到结构化数据的商业智能环境中去,如OA(Office Automatic,办公自动化)、CRM(Customer Relationship Management,客户关系管理)等。内容的创作人员、编辑人员、发布人员使用内容管理系统来提交、修改、审批、发布内容。这里的"内容"包括各类文件、表格、图片、视频以及数据库中的数据等。内容管理系统通过权限管理系统,根据需要将这些内容发布到Intranet(企业内部网)或者Internet(互联网)中去,实现不同用户间的信息共享。内容管理系统具有很好的扩展功能,可以通过其提供的插件管理功能安装需要的扩展功能。也可以根据内容管理系统提供的插件接口开发自己的插件来实现自己需要的独特功能。

网站内容的管理是CMS的核心功能,它流程完善、功能丰富,可把稿件分门别类并授权给合法用户进行编辑与管理。使用CMS可以大大加快网站开发的速度和减少开发的成本。网站开发者不需要进行底层程序的开发与设计,也不用理会那些难懂的SQL(Structured Query Language,数据库操作语言)语法,而只需要采用CMS提供的模板设计语言访问系统中的相应内容,并在页面中呈现即可,用户的工作重心变为内容的设计以及页面设计。另外,CMS通常还提供许多基于模板的优秀设计,这样我们甚至不用制作一个页面即可完成一个基本的网站建设。

二、CMS主要功能与组成

内容管理系统使用非常广泛,根据用途不同,功能有很大差异,有的只具有内容的建立与发布功能,有的还具有流程管理以及与其他系统连接的功能。我们这里主要讲通用的建站内容管理系统,一个典型的CMS通常包含以下功能模块:文本内容采编模块、文件管理模块、模板管理与制作模块、网站管理模块、用户管理模块、网站部署模块、内容采集模块、统计报告模块等,下面我们对这些模块进行介绍。

1.文本内容采编模块

对于文本内容输入是内容采编模块的基本功能。各地的内容采编人员均可以通过基于Web界面的内容采编子系统,将各种文本内容录入系统中。通常内容管理系统都通过浏览器中的可视化编辑器来完成文本内容的编辑。

图 6-1 所示为一个典型的网页编辑器——CKEditor[1],很多内容管理系统以此作为其默认的网页编辑器。在该编辑器中可以进行文本、图片的可视化编排,也可以直接输入HTML源代码。对于文本内容应当按照文档结构进行内容编排,例如选择"格式"中相应标题级别来组织文档,用"样式"中提供的各种样式进行内容标注等。此外,用该编辑器还可以进行表格内容编辑、列表编辑等。

还有的内容采编模块支持多种文档输入模式,如Word、Excel等,通过与办公系统相关软件进行集成、编辑并保存后可以直接转换为相应Web内容,编辑人员可以自由按自己的工作习惯来完成输入。

在内容采编系统中采编的文章或其他内容,从采编开始即进入了内容管理流程。采编人员输入的内容不会直接显示在前台用户界面,只能在后台管理界面看到。它需要通过各编辑人员审批、编辑之后,才可以发布到网站上去,这时前台用户就可以看到相应内容了。

---

[1] CKEditor 官方网站地址为 http://ckeditor.com/。

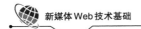
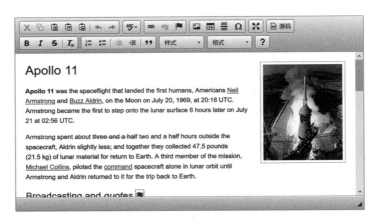

图6-1　CKEditor网页内容编辑器

2.文件管理模块

网站中会用到图片、声音、视频、动画等文件,还会以附件的形式让用户下载Word文件、Excel文件、PDF文件等,对于这些文件的管理也是CSM的基本功能。通常需要对这些文件命名,也就是指定一个可以在互联网上正确访问的文件名,通常比操作系统中的文件名更为严格。此外还需要通过目录形式进行归类存放,有的还需要对每个文件进行标注等,例如标注作者、简介。

文件管理模块是在Web页中实现类似Windows界面的文件管理器,允许后台管理人员像管理Windows的文件一样管理网站中的所有文件。可以实现各类文件的上传、标注、拷贝、移动等。由于图片是网站中的重要资源,所以内容管理系统通常提供了一些使用图片的特殊功能,例如将图片生成不同分辨率的缩略图,以应用在网站中的不同场合,例如图片相册中,在索引页面可以显示大量低分辨率的缩略图,当用户点击某缩略图的时候,则显示其高分辨率版本。文件管理模块还提供了文件锁定等操作,以便支持多个管理人员同时对网站中的文件进行管理。

如图6-2所示为一个通用型文件管理器CKFinder[①],结合用户权限系统,可以管理文件、动画、图片等,可以实现编辑、拷贝、移动等操作。

---

① CKFinder官方网站地址为 https://cksource.com/ckfinder。

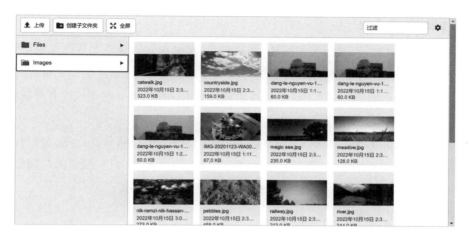

图6-2 CKFinder文件管理器

3.模板管理与制作模块

模板（template）语言是内容管理系统提供的一套页面描述语言，它决定内容管理系统中的内容如何显示，以及如何生成相应的HTML页面等。例如Smarty[1]以及Twig[2]就是在互联网中经常使用的通用型模板语言。

模板是建立在普通的HTML语言基础之上的，大多语法与HTML相同。但HTML本身无法直接读取数据库中的内容，而程序设计语言通过SQL语言去读取数据库中的数据又过于复杂。因此内容系统提供的模板系统可以在HTML中的需要位置列出内容管理系统中的相应内容，在页面中插入内容采编系统中输入的字段信息。这些模板经过内容管理系统的转换，就生成了最终的HTML页面。

模板的制作是内容管理系统最为重要的功能之一，因为设计人员需要通过这套模板系统进行前台系统的设计。通过模板系统可以使内容的显示大大简化，这样即使是设计人员也可以快速掌握如何显示这些数据库中的内容，因而提高系统设计效率。

不同的内容管理系统可能采用的模板语言会有所区别，但对于一个熟悉HTML语言的制作人员，只需要经过短暂的学习，查看相关文档、参加相关培训即可掌握该内容管理系统的模板系统。

---

[1] Smarty 官方网站地址为 http://www.smarty.net。

[2] Twig 官方网站地址为 http://twig.sensiolabs.org/。

4.网站管理模块

网站管理模块可以进行网站标题、网站栏目、网站语言等重要参数的设置与管理，管理员可以为站点增加、修改、删除栏目。有的系统支持子栏目，从而形成树形的栏目结构，完成网站页面内容架构。这些栏目通常会显示在网站的导航菜单或者导航栏中，以引导用户快速访问网站内容。

管理员还可以设置栏目的访问权限。管理员可设置栏目的分发规则，自动将栏目中的数据分发到其他栏目。管理员也可设置内容的限时发布，只在限定的时间段进行内容发布等。

5.用户管理模块

不同的用户在系统中具有不同的管理权限，可以在系统中进行不同的操作，因此对用户的管理是内容管理系统非常重要的功能，涉及系统的安全运行。

通常内容管理系统使用基于角色的用户管理，将用户分成多种角色。首先创建多种用户角色，如内容创建角色、编辑角色、审核角色、管理员角色、委托管理员角色等。用户也可以增加自己的角色定义，然后给每个用户指定角色。通常同一个用户可以具有多种角色。

在内容管理系统中可以为每种角色指定不同的操作权限，可以限定每种角色访问不同的功能模块。这样某个用户也自然具有了其所属角色的权限。

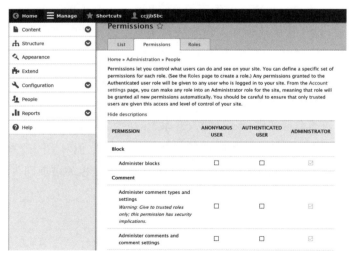

图6-3　Drupal 内容管理系统中进行角色和权限管理

如图 6-3，为 Drupal[①]内容管理系统中的用户角色及权限管理界面，可以为每个角色设定不同的用户权限，这些权限按不同的模块进行分类。图中可以看到管理员（Administrator）具有所有权限，而匿名用户（Anonymouse User）还没有任何权限。

6. 网站部署模块

网站部署包括静态部署（文件部署）和动态部署（数据库部署）两个方面。

文件部署模块将系统中的整个网站的所有文件同步到目标服务器上，如果是单机服务器，可以通过 FTP（File Transport Protocal）来传输。有时为了提供更大量的访问，可以将同一个网站的文件复制到多台服务器上，然后由一台服务器进行任务分配，从而形成服务器集群。这时文件内容复制服务是自动的，不需要人工的干预。系统在文件部署时会自动判断文件是否更新，每次它将只同步已经更新过的文件。

内容管理系统的数据存放在数据库中，数据库的部署是将内容管理系统的数据内容建立并保存在数据库服务器中。通常内容管理系统都具有数据库的备份与恢复功能。内容管理系统在初始安装时会建立起默认初始数据库，随着内容管理系统的使用，数据库中的内容会越来越多，数据库服务器本身也可能需要扩展为集群模式运行。MySQL[②]数据库是一种常用的互联内容管理系统数据库软件。

7. 其他功能模块

除了以上核心模块外，内容管理系统还包含一些辅助功能模块：

统计报告模块。可对工作量进行统计，统计每个用户的文章总数、字数、图片数，各频道的文章数等信息。

内容采集模块。完成数据的采集与导入功能，如支持数据库采集、文件采集、Web采集等方式，从多种外部数据源自动采集内容到内容库，替代繁复的手工采编工作。自动采集功能对于提高工作效率、与企业中的内容源进行集成起到巨大作用。

插件管理模块。一个良好的内容管理系统应该具有很好的模块化结构，提供进行功能扩展的接口，用户可以根据需要扩展自己的功能。这些功能通常通过系统提供的插件管理模块来完成，在其中可根据需要安装需要的插件。如图 6-4 所示为内容管理系统 Drupal 中提供的插件管理功能。

---

① Drupal 官方网站地址为 https://www.drupal.org/。

② MySQL 官方网站地址为 http://www.mysql.com/。

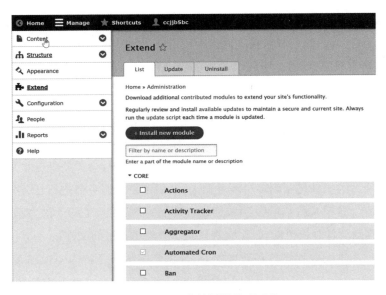

图6-4　Drupal中的插件管理功能

三、常见CMS介绍

国内外内容管理系统较多,如果按所采用的开发语言进行分类,主要分为:

●基于PHP语言开发的内容管理系统。采用PHP语言作为后台开发语言,其数据库系统通常采用MySQL数据库服务器,用Apache HTTPD作为Web服务器,且对LINUX具有非常好的支持,我们通常把LINUX+Apache+MySQL+PHP的组合简称为LAMP组合。采用这一结构的内容管理系统非常多,如Drupal、"Joomla!"、Mambo等,其中有很多是开源、免费的。

●基于".Net"或ASP开发的内容管理系统。".Net"为微软主导的技术,其数据库通常为MS SQL Server。如"Zoomla!"、动易CMS等,这些系统通常是闭源、收费的。

●基于Java、Python等语言开发的内容管理系统。采用Java语言、Python语言等开发,对各种数据库都有支持。

(一)Drupal

Drupal是一个非常流行的内容管理系统,连续多年荣获全球最佳CMS大奖,全球有超过一百万个网站基于Drupal搭建。

Drupal最初是由比利时人Dries Buytaert开发的一个社区讨论程序,也就是BBS,由于其富有弹性的架构设计,在功能的不断扩充后逐渐发展成为一个内容管理系统。由于 Drupal 是由 BBS 发展而来的,所以非常注重社区性和文章发布。Drupal 提供丰富的插件和功能模块,不但可以用来部署博客,也可以用于构造提供多种功能和服务的动态网站。

Drupal 采用 PHP 语言进行开发,其数据库为 MySQL,具有很好的社区技术支持,也具有丰富的用户文档。虽然 Drupal 具有很强的定制能力和灵活性,但也造成了其系统显得过于复杂,学习难度较大。

Drupal 最新发布的版本为 8.0,功能得到了更进一步提升。

(二)Joomla!

2001 年 5 月澳洲 Miro 公司所开发了 Mambo 内容管理系统软件,虽然 Miro 公司有商业化的考虑,但其核心成员坚持开源之路。于是前开发小组领导人 Eddie Andrew 带领几乎八成的原小组成员,实施新的开源码计划 Joomla![1]。而原有的 Mambo 计划,则由 Miro 公司重新招募成员与原开发人员继续发展下去。

Joomla! 是全球最受欢迎的开源 CMS 之一。目前全世界近 3% 的网站都在运行着 Joomla!。Joomla! 被全世界个人用户、中小商业用户和大型组织用来轻松创建各类网站和基于 Web 的应用。

Joomla! 具有很好的结构设计以及非常漂亮的页面设计,有上千种不同网站应用的附加套件及模板。通过其功能丰富,界面友好的后界面,搭配多种所视即所得的编辑程序,很简单地就可以管理和编辑网站上的文章。

(三)WordPress

WordPress[2] 也是基于 PHP 开发的,是一个博客系统,主要用于建立博客网站,在互联网上非常流行。现在 WordPress 逐步演化成了一款内容管理系统,也可用于搭建非博客网站。WordPress 具有强大的社区支持,有非常多的贡献者,处于非常活跃的开发状态。

WordPress 搭建网站非常方便快捷,安装完毕后即得到一个非常漂亮的博客网站,通过其主题管理可以很容易地改变其外观。WordPress 官方网站具有众多的商业或者免费主题模板可以下载,可以瞬间改变网站风格。

WordPress 有很强大的插件功能,其官方网站提供了数万个插件下载,这些插件功能

---

[1] Joomla! 官方网站地址为 https://www.joomla.org/。

[2] Wordpress 官方网站地址为 https://wordpress.org/。

涵盖了方方面面,可以很容易扩展自己的网站功能。通过这些插件可以将其博客式网站扩展为小型内容管理系统。

由于 WordPress 搭建的网站对搜索引擎较为友好,也就是说搜索引擎可以很好理解、收录其页面内容,因此可以更好地推广自己的网站。另外利用 WordPress 搭建的网站对移动设备等也具有很好地支持。

(四)Plone 和 django

Plone[①]是基于 Zope 内容管理框架开发的内容管理系统,而 Zope 又是采用 Python 语言开发的。Plone 具有一套非常强大的模板系统,可以在浏览器内直接编辑内容呈现模板。Plone 具有内建的数据库系统,不需要另外搭建数据库系统,并且将内容和模板均放置在该数据库系统中。

Plone 超强的稳定性、强健的架构、广泛的扩展性,使得其成为企业级开源 CMS 的选择之一,事实上 Plone 的用户也多是企业用户。在 Plone 的应用中,有 70% 都是作为企业内部的管理系统,仅有 30% 用在外部网站建设上。

"django"[②]是另外一款非常流行的基于 Python 语言的内容管理系统。"Django"内嵌了数据模型开发功能,通过该系统可以快速开发自己特殊的数据模型,并提供了默认的后台管理界面。

(五)织梦内容管理系统

织梦内容管理系统 DedeCMS[③]是国内知名的内容管理系统。DedeCMS 采用 PHP+MySQL 技术开发,程序源代码完全开放,在尊重版权的前提下能极大地满足站长对于网站程序进行二次开发。DedeCMS 是国内第一家开源的内容管理系统,自诞生以来,始终坚持开源、免费原则。

DedeCMS 早期是由个人开发,2007 年底,在上海正式成立公司 Desdev,专业于网站内容管理的开发,为向广大用户提供更优质的服务和产品。

DedeCMS 支持多种服务器平台,从 2004 年发布第一个版本开始,至今已经发布了五个大版本。DedeCMS 以简单、健壮、灵活、开源几大特点占领了国内 CMS 的大部分市场,目前已经有超过 35 万个站点正在使用 DedeCMS 或基于 DedeCMS 核心开发,产品安装量达到 95 万。

---

① Plone 官方网站地址为 https://plone.org/。
② django 官方网站地址这 https://www.djangoproject.com/。
③ DedeCMS 官方网站地址为 http://www.dedecms.com/。

第二节　Joomla!的安装与使用

Joomla！是一个非常典型的内容管理系统,本节以Joomla！为例讲述一个典型的内容管理系统的安装与使用过程。由于本书篇幅原因,这里我们只讲解主要的功能,更详细的使用方法可以参考其官方文档。

一、下载与安装

(一)Joomla!安装包下载

访问Joomla！官方主页http://www.joomla.org,如图6-5中所示,点击下载链接"Download",进入下载版本选择页面,如图6-6所示。

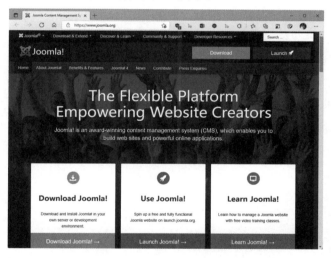

图6-5　Joomla!官方主页

选择版本完全安装版本(Full Package)进行下载。注意升级版本(Upgrade Package)用于升级以前的版本,必须是以前安装过较低的版本才可以无缝升级。下载后我们得到形如"Joomla_xxx-Stable-Full_Package.zip"的安装文件,其中xxx为版本号,如4.1.0,根据下载时间不一样,可能会有所变化。

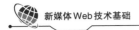

图6-6　Joomla!安装包下载

(二)本地开发环境搭建

如前所述,Joomla! 需要有支持PHP的Web服务器和MySQL服务器软件运行环境,在安装、升级时我们可以用本书第一章第三节所讲述的XAMPP来搭建此环境。在设计与完成后,再导出到远程运行服务器上去,包括将相应文件上传到服务器,以及将数据库导出并导入到远程MySQL数据库服务器中去。

此处略过XAMPP的下载与安装,具体步骤请参考本书第一章第三节。

(1)创建虚拟机

安装好XAMPP后,为了便于开发,通常建立一个虚拟服务器,让Joomla! 运行在一个服务器指定的端口上,而不是运行在网站的一个子目录下,以避免将来迁移到别的服务器时出现路径错误。

在资源管理器中进入XAMPP安装目录下的"\apache\conf\extra"子目录,用文本编辑器打开其中的文件"httpd-vhosts.conf",在文档末尾添加以下代码来新建一个虚拟站点:

```
Listen 8180
<VirtualHost *:8180>
    DocumentRoot D:\www\joomla
        <Directory "D:\www\joomla">
            AllowOverride All
Require all granted
        </Directory>
</VirtualHost>
```

Listen指定Joomla! 运行在哪个端口上,本例设置为8180。设置好后重启XAMPP的Apache服务以让配置生效。

230

（2）解压Joomla！安装程序文件

按上面的配置，我们需要将Joomla！的安装程序文件放置在"D：\www\joomla"目录中。将"Joomla_xxx-Stable-Full_Package.zip"拷贝到"D：\www\joomla"并解压，然后更改其目录名为joomla，其目录结构如图6-7所示。

（3）创建数据库

接下来在XAMPP中创建需要的数据库环境，包括创建数据库和数据库用户，并指定数据库访问权限。

图6-7　Joomla!程序目录结构

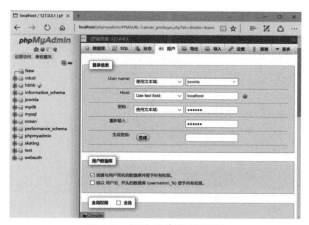

图6-8　创建用户及数据库

①运行XAMPP控制面板，并启动Apache和MySQL服务，接着在浏览器中输入"http：//locahost/phpmyadmin"进入数据库管理界面。

②点击右侧的用户链接 🖳 **用户** 进行用户管理，然后点击底部的 🐾 添加用户 来添加用户。

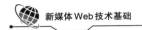

③在添加用户界面中输入用户名joomla,主机(Host)中输入"localhost",密码输入"joomla"或者其他密码(一定要记住此密码,后面需要用到此密码),如图6-8所示。为了简化数据库的创建操作,可以选中"用户数据库"中的"创建与用户同名的数据库并授予所有权限",这样即自动创建了一个与用户名相同的数据库,否则需要单独创建数据库并指定用户权限。

④点击页面底部链接"执行"来创建用户及数据库。接着会要求指定用户joomla的全局权限,我们不需要指定该用户的全局权限,因此可以不理会此步骤。

注意,创建的用户权限还不会立即生效,我们需要刷新数据库的用户权限以使其生效。点击页面左上角的图标🏠回到phpMyAdmin系统首页,然后再次点击右侧的用户链接 ▦ **用户** 进入用户管理,注意页面右下角链接"重新载入权限"让用户访问数据库的权限生效。

至此,我们准备好了Joomla! 运行的环境,可以开始安装了。

(三)安装Joomla!

在浏览器中输入地址"http://localhost:8180/",进入Joomla! 的安装界面,在其中选择简体中文作为安装语言。接下来要指定配置、数据库、概况等信息,在配置界面中输入网站名称以及网站管理员等相关信息,如图6-9所示。此处的管理员名称及密码一定要牢记,将来在进行网站管理时需要此用户名及密码。

图6-9 Joomla!安装中配置基本数据

　　输入配置信息后,点击"下一步"进入数据库信息输入,如图 6-10 所示。在其中输入前面建立的用户名、密码及数据库名称。

图6-10　输入数据库信息

　　点击下一步输入"概况"信息,在这一步中,注意选中其中的"默认示范数据",这样系统可以帮我们输入示例数据,这样我们就得到了一个具有数据的网站,这对于学习很有用。在正式网站开发时,可以选择"不安装示范数据",这样我们得到的是一个空白的网站,一切数据都需要自己输入。

　　点击"安装"按钮开始安装。最后我们得到如图 6-11 的界面,表明安装已经完成。注意,为了安全起见,防止别人再次运行安装程序以破坏网站文件和数据库,必须点击"删除安装目录"来删除安装程序,然后才可以查看网站或者进入后台管理。安装目录后,"删除安装目录"按钮变为"安装目录成功移除",表明删除成功。

　　现在可以点击"网站"来查看网站前台效果,点击"后台管理"来管理网站后台。

图 6-11　完成 Joomla!安装

点击"网站"按钮或者在浏览器中输入"http://localhost:8180/",可以看到网站效果,如图 6-12 所示。

图 6-12　Joomla!默认网站效果

二、设置前后台显示语言

安装完毕的网站前后台都是英文界面,现在我们来将其设置为"简体中文"界面。

在浏览器中输入地址"http://localhost:8180/administrator/"进入后台管理界面,如果没有登录过则会出现登录界面,如图 6-13 所示。输入安装时输入的管理员用户名及密码,点击"Log in"按钮登录,登录成功即进入后台管理界面。

图6-13 后台管理登录界面

在后台管理界面菜单中选择"Extensions"→"Language(s)"进入语言管理模块,可以看到此时"Installed – Site"处于选中状态,也就是开始设置网站前台语言。此时选择"In-stall Language",在列出的可选语言中选中"Chinese Simplified",然后点击左上角按钮 Install 来安装该语言,其结果如图 6-14 所示,成功安装了中文简体的前台语言。

图6-14 安装网站前台语言

接下来回到语言设置列表,将网站前台默认语言设置为简体中文。如图 6-15 所示,点击前台语言列表中的简体中文语言后的设置默认图标 ☆ 即可。

235

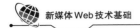

图6-15　设置前台默认语言

同理在后台语言(Installed–Administrator)中安装简体中文并设置后台默认语言为简体中文,设置完毕后台即变为简体中文界面,如图6-16所示。

图6-16　设置后台默认语言为简体中文

三、系统管理

(一)系统控制面板

设置好后台语言为简体中文后,点击后台管理页面左上角图标█回到后台管理控制页面,看到该页面已经转变为简体中文,如图6-17所示。在该控制面板中显示了常用的管理链接以及网站运行的基本状态。

经常用到内容类的管理链接包括：

●添加文章。向系统中添加文章内容。

●管理文章。管理系统中的所有文章，例如查看文章列表、修改文章、更改文章发布状态等。

●分类管理。就像我们在Windows中进行文件管理时需要通过多层文件夹来存放各类文件，在内容管理系统中的各类文章也需要进行分类管理。在Joomla！中可以建立多层目录来管理各类文章。

●媒体管理。管理网站中用到的各类媒体文件，如图片、视频以及其他文件等。

经常用到的结构管理包括：

●菜单管理。菜单在Joomla！中用于导航，可以将文章分类或者单篇文章的链接放置在菜单中，这样用户就可以通过这些菜单找到需要的页面了。菜单管理即是管理这些导航链接的。

●模块管理。模块Joomla！系统中可以看成一些内容区块，这些内容区块可以有选择性地出现在页面内容的周围。可以包含各种各样的内容，例如搜索框、登录框等，菜单也是一种特殊的模块。

图6-17　系统控制面板界面

经常用到的配置管理包括：

●全局设置。设置网站、系统、服务器的一些重要参数，例如网站名称、网站是否关闭、服务器数据库参数等，其中系统及服务器的一些参数要谨慎修改，错误的设计可能会导致网站无法正常运行。

237

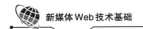

●模板管理:一套模板决定了网站的风格、外观,例如颜色、字体、布局等,选用不同模板可以瞬间改变网站的外貌。在模板管理中可以控制网站的模板,例如添加模板、删除模板以及设置系统的默认模板等。Joomla! 的模板包括前台模板和后台模板两种,分别设置前台、后台外观风格。

●语言管理:设置网站的前台语言、后台语言以及内容语言等,前面我们已经知道如何改变系统的前后台语言。Joomla! 可以支持同一个页面用不同语言进行显示,如果要制作一个多语言版本的网站,则需要进行内容语言的设置。

除了显示一些常用的管理链接外,还显示当前用户角色、登录时间,以及网站的一些相关参数等。

(二)全局设置

全局设置中可以对系统和各类组件的全局参数进行设置。下面我们通过全局设置来改变网站的一些重要参数。

选择菜单"系统"→"全局设置",得到网站的设置界面,如图 6-18 所示,可以看到很多网站参数,可以分别进行设置。每项内容的功能意义可以将鼠标移动到参数名称上,稍做停顿即可得到提示信息。这里列举一些常用的网站参数:

网站名称:一段文本,通常会显示在网页顶部。

网站关闭:选择网站是否关闭。有时我们在修改网站内容或者进行其他调整时,不希望用户看到调试过程中的不稳定状态,可以将网站临时关闭。当用户浏览关闭了的网站时会得到一段提示信息。

网站关闭信息:指定一段提示内容,默认为"网站正在维护中,请稍候访问"。

网站关闭图片:可以选择一张媒体库中的图片,与关闭信息一起生成关闭提示页面。

默认编辑器:系统文本输入时的默认编辑器是TinyMCE,我们可以用扩展菜单来安装一些自己喜欢的编辑器,然后这里就会列出这些编辑器,然后选择自己喜欢的编辑器。

网站简介:一段介绍该网站内容的文本,这对于搜索引擎非常重要,有利于用户更容易搜索到该网站。

网站 Meta 关键词:其功能意义与网站简介相似,但是用一些搜索关键字来描述本网站,这样搜索引擎可以利用这些关键词,提高搜索效果。

内容版权:网站版权信息。

这里我们修改两个参数:在"网站名称"中输入"宠物星球"①;在"网站简介"里输入"很多人觉得地球被污染了,人与人之间不再透明,多了很多的猜忌,于是不少人靠动物来排解忧虑,来获得心灵的归属"。

图6-18 全局设置界面

在全局设置的"系统"标签中可以设置系统的一些参数,点击全局设置中的"系统"标签来设置这些参数,如图6-19所示。

图6-19 系统设置界面

其中一些重要参数包括:

系统调试:是否打开系统调试状态,如果打开则会显示一些系统开发用的诊断信息、数据库访问错误等。在开发与调试一个网站时可以打开这些信息,有利于找到错误

---

① 该案例在武汉大学新闻与传播学院网络传播系学生分组综合实验基础上完成,组员有刘玺辰、袁方、魏蓓蓓等。

原因。在正式运行的网站中不要开启调试,会降低速度,还会降低系统安全性。

缓存:缓存是一种提高系统访问速度的方法,将需要经过大量复杂程序执行、数据库查询后才能生成的页面存放在一个文件中,当用户在一定时间内访问网站时,会用缓存中的内容来代替复杂的程序执行、数据查询,从而提高系统性能。这对于正式运行的网站是非常有用的。

会话生存时间:用户登录后在一定时间内,系统不会要求用户再次登录,但为了安全起见,当超过这一时间后则需要再次登录,同时其未保存文件、设置等也会丢失。在进行系统开发时,可以延长这一时间,以避免频繁的系统登录。

这里我们将会话生存时间设置为20,即20分钟内不需要再次登录。

在全局设置的"权限"标签中,可以对每个用户组指定访问系统的权限,如图6-20所示。全局用户组权限设置与后面要讲的用户管理结合起来即可完成各用户的权限控制。

图6-20　全局权限设置

一些常见的全局权限包括:

登录前台。允许该组用户在前台登录框中登录,登录之后即可使用某些扩展的前台用户功能,比如文章评论。

登录后台。允许该组用户登后台管理界面(登录地址为"网站域名地址/adminstrator"),登录之后根据该用户组具有的权限进行各类后台管理。

超级管理。允许该组用户执行网站的任何操作。超级管理有最高优先权,其他任何权限限制都对该组用户无效,所以网站的用户在分配其超级用户组(Super Users)要非常慎重。

创建任何内容。该组用户可以创建所有内容,包括安装的其他扩展中所具有的内容。

删除任何内容。该组用户可以删除所有内容。

编辑任何内容。该组用户可以编辑所有内容,即对内容进行更改。

编辑自己的内容。允许该组用户编辑自己创建的内容。

设置好全局各类参数后,点击左上角的"保存"按钮或"保存并关闭"来保存并生效。

(三)组件全局设置

在全局设置中还列出了各类组件的全局性设置,例如旗帜广告、联系我们、文章、菜单管理、模块管理器、插件管理器组件的设置。点击相应组件即可对该组件进行全局设置,如图6-21所示,为文章组件的全局设置选项。

各组件的全局设置也可以在进入该组件管理时进行。例如文章的全局设置可以单击菜单"内容"→"文章管理",在文章管理界面上右上角有一个"选项"按钮 ⚙ 选项 ,单击该按钮也可以进入图6-21所示的文章全局设置。

每个组件根据基组件功能不同,设置的参数项目也有差别,但都有权限选项以设置各用户角色对该组件可以进行的各类操作。点击文章全局设置中的"权限"标签,可以设置各个用户角色对文章模块的各种功能。如图6-22所示,Public用户角色对文章模块的功能都是"不允许",当选择其他用户时,则可以看到不同的权限组合。这些用户角色可以在用户管理中进行设置,可以根据需要添加或者删除用户权限。

图6-21　文章组件的全局设置

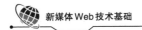

图6-22　组件权限设置

四、文章发布管理

（一）新建文章分类

为了便于管理文章,首先要建立文章分类,以后添加文章时则可以选择相应的分类。

通常按照网站的一级栏目来设置文章一级分类,然后在一级分类目录下再建立各级子目录,最终文章分类形成树状目录。文章分类中有一个特殊分类名叫"uncategorised",当有的文章不属于目录树中的分类时,则选择该目录。

选择菜单"内容"→"分类管理"→"添加新类别",出现添加新文章分类界面,如图6-23所示,在标题中输入"狗星球",别名中输入"dogs",然后在说明中输入一段文字,父分类选择"无分类"。别名中要求输入英文字母、数字或者"–""_",不可输入中文、空格等,该名称会出现在URL地址中。

图6-23　添加文章分类

　　然后点击"选项"标签,其中的"图片"选项可以指定一幅图片来指示该分类,如图6-24所示。点击图片选项后的"选择"按钮,则会弹出图片选择对话框,在该对话框中可以看到已经上传的所有图片。如果没有所需要的图片,也可以在该对话框底部的"上传文件"选项后的"浏览"按钮选择一幅本地图片,然后点击"开始上传"来上传需要的图片。上传完毕后再选择所上传的图片,如图6-25。

　　输入完要添加分类的各项参数后,点击"保存并关闭"完成该分类的输入。

图6-24　文章分类选项设置

243

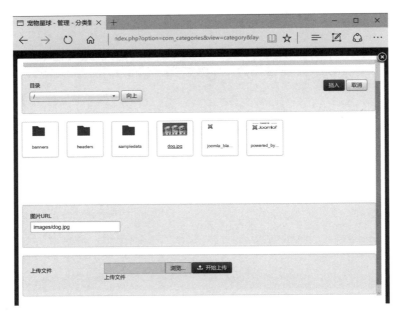

图 6-25　上传并选择需要的图片

　　接下来点击分类管理界面左上角的"新建"按钮,同理再添加"猫星球"(别名为cats)、"它星球"(别名为they)、"爱星球"(别名为love)等分类,最后得到如图 6-26 所示的文章分类列表。

图 6-26　文章分类列表

(二)删除示例文章

　　在前面安装 Joomla! 时,我们选择了默认的文章,现在我们要输入自己的文章,所以先将不需要的文章示例删除,再添加新文章。

选择菜单"内容"→"文章管理",系统会显示库中的所有文章,选中要处理的文章如图 6-27 所示。然后点击右上角的"回收站"按钮,文章会被放到回收站中。此时刷新网站,则该文章不再会出现在网站中。但放入回收站的文章还可以找回,点击"搜索选项",在弹出的"选择状态"选项中选择"已输入回收站"选项,则可以看到已删除文章,再单击前面的回收站图标则又会在网站中出现。

由于本例子中只有"Getting Started"这一篇文章,只要选择并放入回收站即可。如果有多篇文章要删除,在一页无法全部显示时,可以选择文章列表右上角的列表数选项菜单来改变要显示的条数(默认为20条,"所有"则显示所有文章),然后选择并删除即可。

图6-27 选中要删除的文章

(三)添加文章

选择菜单"内容"→"文章管理"→"添加文章",则会显示添加文章界面,如图 6-28 所示。我们在其中输入标题、别名、内容等信息,分类选择"狗星球"。

图6-28 添加文章

245

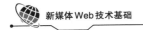

在输入内容信息时，Joomla！通过一个可视化网页编辑器来实现，在该编辑器中可以对文档进行格式化，以及插入列表、表格、图片信息。可以点击底部的"插入图片"来插入媒体库中的图片，也可以通过"图片和链接"标签来为每篇文章插入一幅代表性图片。

点击"图片和链接"标签，点击"全文图片"后的选择按钮，在弹出的媒体库对话框中上传并选择该文章的相关图片。

设置完毕后，点击"保存并关闭"来完成该文章的添加。

同样方法添加更多文章，最后得到如图6-29所示的文章列表。

图6-29　文章列表

五、菜单管理

（一）管理首页菜单

当我们删除示例文章并添加完文章后，刷新首页时发现不能正常显示，得到找不到请求的页面提示，如图6-30所示。这是因为在示例数据中，默认以"Getting Started"页作为首页，前面我们已经将该文章放入了回收站，所以无法找到该页。

现在我们要通过菜单管理来改变默认页面为我们新建立的页面。

图6-30 找不到内容的提示页面

选择菜单"菜单"→"Main Menu",在显示的菜单列表中有一个叫"Home"的菜单,它就是我们的首页,该菜单是一个"单篇文章"类型的菜单,我们要指定新文章,以让首页可以正常显示。单击该菜单,可以看到其对应的文章为"Getting Started",单击其后的"选择"按钮,在列表中选择一篇我们新建的文章,该文章会被作为首页显示。然后将菜单标题名"Home"改为"首页",这样我们就会得到中文显示的菜单名。最后"保存并关闭",刷新前台首页,我们看到了正常显示的首页。

图6-31 更改首页

247

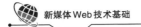

(二)添加用户菜单

接下来,为了能正常导航各个子栏目的文章,我们需要建立一些菜单项目到"Main Menu"中。

选择菜单"菜单"→"User Menu"→"添加新的菜单项",如图6-32所示。菜单标题中输入"猫星球",在菜单项类型中选择"文章"→"文章博客式排版",选择一个分类中选择"猫星球",菜单位置选择"User Menu",输入完毕点击"保存并关闭"。

图6-32　添加菜单项目

采用同样的方法将其他一级栏目都建立相应的菜单项目。

添加完菜单后,我们得到如图6-33所示的首页。可以看到"Latest Articles""User Menu"等菜单还是英文,我们需要将这些菜单改标题名。点击菜单"菜单"→"User Menu"找到并点击需要修改的菜单项,在菜单标题中输入中文名称,然后保存即可。

图6-33　添加完毕菜单后的首页

六、扩展管理

（一）扩展的类型

在Joomla！中，一个页面由内容以及各种扩展像搭积木一样组合起来而得到的，每种扩展实现不同的功能。如图6-34中所示为一个Joomla！页面的组成，最外层为模板，模板中心是由组件生成的主体内容，组件周围是各种功能的模块，如图片、菜单、登录框等。

图6-34　一个Joomla!页面的组成

在Joomla！中主要有以下几类扩展：

组件（Components）：组件是最大也是最复杂的扩展，可以看作是一个小的应用。大多数组件包含前台和后台两部分。当浏览器端请求访问一个Joomla！页面时，就会调用一个组件来生成页面的主体内容。一个菜单项目调用一个组件来生成页面主体。一些常用的组件包括内容组件（com_content）、广告组件（com_banners）、联系人组件（com_contact）等。选择菜单"组件"然后选择相应组件即可进行管理。

模块（Modules）：模块比组件更小、更灵活，用于生成页面中的一部分内容。模块是排列在组件周围的一系列方块区域。例如登录模块、页脚模块等。一个菜单项可以调用一系列模块，可以根据菜单项来设置哪些模块是可见的，哪些是隐藏。一些组件也可以与组件进行关联。而模块的位置通过在模板中定义的位置来指定。一些常用的模块包括广告(mod_banners)、菜单(mod_menu)、当前在线(mod_whoisonline)等。选择菜单"扩展"→"模块管理"来对各模块进行管理。

插件(Plugins):插件通过事件来激活,这些事件可能在Joomla!运行的每个环节被激活,可以在核心中、模块中或者组件中激活一个事件。当事件激活后,在系统中注册的相关插件就会被执行。例如,当文章过滤器检测到有禁止使用的文本时,一个插件可以阻止文章的提交。再如TinyMCE文本编辑器就是一个插件。选择菜单"扩展"→"插件管理"来对相应插件进行管理。

模板(Templates):模板就是Joomla!网站的设计,模板可以改变网站的外观。模板中可以定义一系列位置,这些位置可以放置组件、模块等。选择菜单"扩展"→"模板管理"可以安装、设置模板。

语言(Languages):我们在前面已经使用过语言管理,改变了前后台界面的语言,此外还可以设置内容的语言,这样同一篇文章可以具有不同的语言版本,当前台选择相应的语言时,系统会自动显示相应的语言内容。选择菜单"扩展"→"语言管理"来对语言扩展进行管理。

(二)安装扩展

系统安装时已经默认包含了一些扩展,可以完成网站大多数的功能,但有时我们需要特殊的功能则需要安装相应的扩展。在Joomla!官方网站上有大量的扩展[①],可以在官方网站下载需要的扩展,然后通过"扩展管理"中的安装功能完成安装。

选择菜单"扩展管理"→"安装",得到如图6-35所示的扩展安装界面,在安装界面中可以看到有多种方式完成插件安装:

●上传压缩包文件:在官方网站下载的扩展为压缩文件格式,下载之后不需要解压,直接点击"浏览"按钮浏览到本地的压缩包,然后点击"上传并安装"即可完成安装。该方法是较为常用的方法。

●从文件夹安装:将下载的文件在本地解压到一个临时目录中,然后将该文件夹上传到远程服务器上。最后在安装界面中指定扩展目录,点击"安装"按钮完成安装。

●通过网址远程安装:不需要将扩展文件下载,只需要指定该压缩包的URL地址即可。点击"安装"按钮,Joomla!会在远程服务器上直接下载该扩展并完成安装。在使用这种方法时需要注意安装URL地址网站的安全性,确保是官方可靠的URL地址,以免安装有破坏性的插件。

[①] Joomla!扩展下载地址为http://extensions.joomla.org/。

除了可以完成扩展的安装外,还可以在扩展管理中完成扩展进行升级、网站升级以及数据库结构升级等。可以非常容易地将当前网站升级到Joomla！最新版本,包括系统程序与数据库结构等,这样就可以使用Joomla！内容管理系统的最新功能了。

图6-35　安装扩展

(三)模块管理

如前所述,主体内容的周围是各种模块组成的区块。在首页正文内容上方有一幅图片与我们网站的主题不甚相关,我们通过模块管理来改变这幅图。

选择菜单"扩展"→"模块管理",得到模块列表,如图 6-36 所示。在模块列表中有很多模块,如搜索模块(Search)、主菜单(Main Menu)、面包屑(Breadcrumbs)、用户菜单(User Menu)、登录框(Login Form)等。每一个模块都可以指定出现位置、指定出现的页面、指定显示权限(如只有登录并且属于某种角色的用户时才会显示)等。

其中一个标题名为"Image Module"的模块,该模块的位置是"position-3",类型是"自定义 HTML",该模块即是对应于主体内容上面的图片。

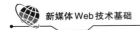

图6-36　模块管理

单击打开该模块标题,显示该模块的编辑界面,如图 6-37所示。由于该模块的类型是"自定义HTML",所以可以用HTML代码来描述各种内容,这里是用HTML表示的一幅图片,其HTML代码为:

`<p><img src="images/headers/blue-flower.jpg" alt="Blue Flower" /></p>`

其中的"blue-flower.jpg"是媒体库中的一幅图片。

图6-37　编辑模块

在编辑器中将光标移到编辑器的末尾,然后按键盘上的"Backspace",这样就删除了该幅图片。然后单击窗口底部的"插入图片"按钮,在弹出的媒体库管理对话框底部上传自己的图片,然后选择该图片并单击对话框中的"插入"按钮,可以看到编辑器中的图片变为自己上传的图片。点击模块管理器的"保存并关闭"按钮来保存更改。

现在我们已经更改了网站顶部的图片。刷新前台页面,可以看到顶部图片已经发生了变化,如图 6-38 所示。

我们还可以试着更改其他模块,并在前台查看其变化。

图 6-38　修改图片模块后的首页

(四)模板管理

在模板管理中可以改变当前网站前、后台的模板,这样前、后台的界面即可发生变化。也可以对某个模板进行修改,包括对网站布局、图片、颜色、字体等各个方面进行定制。

选择菜单"扩展"→"模板管理器",得到如图 6-39 所示的模板管理界面。在该界面中我们可以看到系统默认安装了"Beez3""Hathor""Isis""Protostar"等 4 个模板,这些模板有的用于网站(即前台),有的用于"后台管理"。我们也可以到官方网站或者其他网站下载并安装我们需要的模板扩展,需要先在"扩展"→"扩展管理器"中安装完成后的模板在模板管理器列表中才会出现。

要使用某个模板非常简单,只需点击相应的模板后的星形图标即可,当星形变为橘红色实心图标时则表示该模板已经启用了。这时候刷新网站可以看到网站外观已经发生了变化。

例如,当我们选择前台模板为Beez3时,网站前台变成如图 6-40 所示的外观。可以看到页面布局已经完全变化,面包屑从内容底部移到了顶端,栏目子菜单移到了页面左侧,顶端的大图片被换成了另外一幅图片,原来顶端的大图片被移到了右侧,并被缩小了。这些布局信息都是在页面模板文件中定义的。

为了保证后面的例子与我们介绍的一致,我们测试完新模板,再切换回默认的"Pro-

253

tostar"模板。

图6-39 模板管理

图6-40 切换网站模板

虽然我们可以从网络上获取很多免费的模板并应用到我们的网站中,但有时候模板的默认设置不能总满足我们的要求,这时我们可以利用Joomla! 提供的模板编辑功能对模板进行编辑定制。

一个模板由一系列文件组成,包括PHP程序、样式表、JavaScript程序、图片、语言包等。通常通过修改程序(主要是模板中的index.php文件)可以更改页面布局以及更多细节;修改样式表可更改网页样式;修改图片可以更改页面中的图片。

进入模板文档修改有两种方法，一种方法是在如图 6-39 所示的模板管理的"风格"列表中的每种模板后的"模板"列的名称即可进入文档编辑界面。另外一种方法是在模板管理界面的左侧选择子菜单"模板"，得到如图 6-41 所示的模板列表，点击列出的各模板图标后的模板名，同样会进入模板文件编辑界面。

图 6-41　模板列表

我们选择查看 Protostar 模板细节，得到如图 6-42(a) 中所示的文件列表，这与在资源管理器中查看到的 Protosar 文件列表是基本一致的。接下来我们通过 Joomla！提供的基于 Web 界面的文件编辑器即可对模板文件进行编辑。

单击模板管理列表目录 css，然后双击其中的"template.css"，这时会打开一个文件编辑器，编辑完毕点击"保存"，然后刷新前台网站相应更改即可生效。

在编辑"template.css"时，我们看到该文件非常长，有 7000 多行。如果用浏览的方法很难找到需要修改的内容。我们需要通过浏览器端提供的调试功能来帮助我们找到需要修改的位置。例如，我们用此方法来修改首页主菜单的背景色。在 Edge 浏览器中打开网站首页，然后按 F12 键打开"开发人员工具"，也可以在网页中点击鼠标右键，然后在弹出菜单中选择"查看源"来打开该工具，得到的调试工具如图 6-43 中所示。点击开发工具左上角的"选择元素"图标，然后将鼠标移动到网页中的主菜单上（首页）然后单击，这时看到底部的相应源代码行处于选中状态，同时开发工具右侧的"样式"会显示当前选中对象的外观是由哪些样式表作用得到的。从图 6-43 中可以看到背景色为"# 08c"，样式表代码位于"template.css"第 2982 行。

(a)模板管理中的文件列表　　　　(b)资源管理器中的文件列表

图 6-42　模板文件列表

确定了样式表要修改的位置后,回到 Joomla! 文件编辑器,找到第 2982 行,如图 6-44 所示。将其后的"backgournd-color:#08c"改为"backgournd-color:#c80"并保存,然后到刷新前台网站,我们看到首页主菜单颜色已经发生了变化。

图 6-43　Edge 浏览器中的开发人员工具

图6-44 在Joomla!中修改CSS样式表

七、用户管理

Joomla! 通过用户组(也叫用户角色)来管理用户,每个用户组具有不同的用户权限,每个用户可以被指派为多个用户组,这样用户就具有了这些用户组的叠加权限。当更改某用户组的权限时,所有属于该用户组的用户权限都会发生更改。

在安装Joomla! 时,系统已经创建了一系列的默认用户组,如Public、Guest、Manager、Author、Editor、Super Users等,并且创建了一个超级用户(Super Users)admin,我们正是用admin登录到后台进行系统管理的。系统默认用户组如图 6-45所示,用户组按不同层次进行组织,以便于管理。

图6-45 统默认用户组

　　除非特殊需要,这些用户组已经完全可以满足使用了,只需要添加或者删除用户就可以了。例如当有多个人来管理一个网站时,除了超级管理员外,还需要添加一批作者(Author)用户用于创建内容,添加一批编辑(Editor)进行审核、编辑等操作。

　　选择菜单"用户"→"用户管理"→"添加新用户"出现图 6-46 中所示的添加新用户界面,在其中输入相应信息,注意姓名、用户名、Email 是必填选项。

　　填写完毕后给该用户分配用户组,点击"分配用户组"标签,选中需要给该用户分配的用户组即可,新建用户时默认用户组为"Rigistered"(图 6-47)。

　　还可以在基本设置标签中进行用户默认语言、编辑器、默认时区等设置。

　　信息输入完毕点击"保存"来创建该用户。

图 6-46　添加用户

图 6-47　分配用户组

　　用户组所具有的权限可以在全局设置中按每个模块分别进行设置,可以参考第六章第二节中相关内容。

🎤 知识回顾

使用内容管理系统(CMS)可以快速完成网站搭建。内容管理系统提供了完整的网站后台内容系统,包括文本内容采编、文件管理、用户管理、网站管理等。同时还提供了前台界面设计模板语言,通过模板语言可以将后台内容按需要在指定位置显示。

常见的内容管理系统有Drupal、"Joomla!"、WordPress、Plone、织梦内容管理系统等。

典型的内容管理系统安装包括数据库配置、服务器程序下载并安装等。安装完毕后进行系统参数配置、扩展模块配置、内容创建、前台模块设计等。

本章节最后以Joomla! 为例,展示了利用典型内容系统进行网站搭建的例子。

💬 复习思考题

1.什么是内容管理系统,其主要功能是什么?

2.常用的内容管理系统有哪些,各有何特点?

3.请简述安装Joomla! 内容管理系统的步骤。

4.Joomla! 内容管理系统的后台功能主要有哪些?

5.请选择一个内容管理系统,实现本地安装与配置,并熟悉其功能。

第七章 网站发布

知识目标

☆ 进行网站域名注册的基本方法以及域名管理工具的主要功能。如何用域名管理系统进行域名与IP对应设置。

☆ 中国顶级域名下的域名要进行域名备案的原因,以及如何进行域名备案。

☆ 网站服务器接入互联网的主要方法,重点掌握虚拟主机与空间租用。

能力目标

1.了解主要的域名服务提供商并通过典型的域名服务提供商进行域名注册。

2.掌握进行网站文件上传和数据库导出与导入的方法。

思维导图

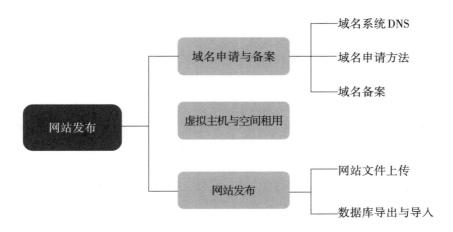

- 网站发布
  - 域名申请与备案
    - 域名系统DNS
    - 域名申请方法
    - 域名备案
  - 虚拟主机与空间租用
  - 网站发布
    - 网站文件上传
    - 数据库导出与导入

网站开发制作完成后,需要将网站内容发布到Internet上供用户访问,同时还需要推广和传播自己的网站,并对网站进行维护、升级等。

网站运行是指为了提升网站服务于用户的效率,而从事与网站前期和后期运作、经营有关的工作,通常包括网站内容更新与维护、网站流程优化、数据挖掘分析、用户研究与管理、网站营销策划等。

网站维护是指网站运营后期的综合管理和维护,主要包括硬件维护、软件维护、内容维护和安全维护等。硬件维护包括服务器、网络连接设备及其他硬件的维护,保持所有设备处于良好状态。软件维护包括操作系统、数据库及应用程序的维护,维护与升级各种软件。网站运营过程中网站的数据分析,可以抓住用户动向和掌握网站的访问状况,以便对网站进行相应调整以满足用户需求。

本章将从技术角度对网站的发布运行进行简单介绍。

第一节　域名申请与备案

在Internet上发布网站需要先申请域名和空间,然后将开发好的网站内容上传到申请的空间中,这样全球用户就可以访问该网站了。

一、域名系统DNS

要在互联网上发布网站,需要先注册网站域名。Internet域名如同商标,是网站的标志。Internet域名是Internet网络上的一个服务器或一个网络系统的名字。每个网站的域名都是唯一的,一个好的域名也是网站成功的重要方面,因此今天域名也成了网站的一个重要资产。

网站域名为了便于用户记忆,通常由英文名称、中文拼音全称或简写组成。域名的结构是以若干个英文字母或数字组成,由"."分隔成几部分,每一部分即为一个层级节点,由前往后节点级别逐渐升高。例如whu.edu.cn就是一个域名,cn表示中国、edu表示教育网、whu为武汉大学。

有了域名后,用户只需在浏览器中输入域名即可访问网站,域名系统会把域名转换成计算机能识别的相应IP地址,然后TCP/IP网络完成相应的数据传输。

域名系统DNS(Domain Name System)是一种层次结构的计算机和网络服务命名系

统,当用户在应用程序中输入域名时,DNS可以将此名称解析为对应的IP地址。每台计算机要接入互联网,都需要设置由网络提供商给予的主机IP地址、DNS服务器地址,这样域名系统就可以正常工作了,在后台完成域名与IP地址的转换任务。

二、域名申请方法

如前所述,域名由不同级别的节点组成,每个级别节点由不同的管理机构来管理并负责分配,例如中国顶级域名(.cn)由中国互联网信息中心①(CNNIC,China Internet Network Information Center)负责管理,中国教育科研网域名(edu.cn)由中国教育和科研计算机网(CERNET,China Education and Research Network)负责管理。

因此要获得某个域名需要到相应的管理机构或者代理机构去申请,并支付一定的管理费用②。申请成功的域名会进入域名系统中,通过一定时间的学习与传播后,就会存放在分布于世界各地的域名服务器中,用户就可以用这些域名来访问网站了。

域名节点管理机构通常会授权一些域名服务机构去完成域名注册服务③,因此我们通常通过域名服务机构或者代理机构去完成域名注册。例如CN域名注册可以通过北京宏网神州科技发展有限公司④、阿里云计算有限公司(万网)⑤等域名服务公司来完成。

在申请注册域名之前,用户必须先检索一下自己选择的域名是否已经被注册。我们可以通过查询得到,国际域名可以到国际互联网络信息中心InterNIC(http://www.internic.net)的网站上查询,国内域名可以到中国互联网络信息中心CNNIC(http://www.cnnic.net.cn)的网站上查询。如果查询的域名还没有被使用,我们才可以开始申请注册该域名。

接下来在域名服务商提供的申请网站中输入域名注册信息并提交,然后支付管理费用。支付完成且域名注册成功后,可以通过域名服务商提供的二级域名管理系统管理该域名下的二级域名,通过地址转发等方式来管理网站的主机资源。下面我们以万网为例讲解如何注册域名。

1.查询域名。访问万网首页,在浏览器地址栏中输入http://www.net.cn并回车,在查

---

① CNNIC官方网站地址为http://www.cnnic.cn/。

②域名管理费用通常是按每年或每几年支付的,在域名到期前一定要即时续费,否则域名会失效造成网站无法正常访问,还可能造成别人抢注域名,失去域名资源。

③ CN域名服务合作伙伴列表可以访问地址http://www.cnnic.cn/jczyfw/CNym/cnzcfwjgcx/cnzcjg_ndsq/201206/t20120614_28273.htm来查看。

④ 宏网神州科技发展有限公司官方网站地址为http://www.ourhost.com.cn。

⑤ 阿里云计算有限公司(万网)官方网站地址为http://www.net.cn/。

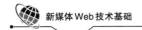

询窗口中输入想要注册的域名,如serve4you。点击"查域名"按钮,得到如图 7-1 所示的查询结果。可以看到com顶级域名下的serve4you.com已经被注册过了。但cn顶级域名下的serve4you.cn是"未注册"状态,其后显示了该域名的价格。

2.支付域名费用。在前一步骤中可用域名后点击"加入清单"来注册该域名。此时右侧的购物车中加入了该产品。然后点击"去结算"开始支付域名费用,如图 7-2 中所示,在其中需要选择域名所有者类型为"个人"还是"企业"。在支付过程中还需要提供域名所有者详细信息。根据所有者不同,需要提供的信息有所区别,例如"个人"需要提供姓名、所属区域、通讯地址、邮编、电话、电子邮箱等信息。接下来按照提示完成支付。在支付过程中也同时完成了域名管理系统用户注册,以后可以通过该用户进行域名管理。

图 7-1　查询需要注册的域名

图 7-2　支付域名费用

3.域名管理。通常支付完成后,该域名已经属于前面的注册者了。但要域名系统正常工作,还需要在域名服务提供商提供的域名管理系统中进行相应设置。访问 http://www.net.cn 并登录后,进入管理控制台→产品与服务→域名,会列出当前用户的所有域名,如图 7-3 所示。在每个域名后面会显示该域名状态、到期日期等,点击"管理"链接即可开始域名管理。在其中可以管理以下内容:

●基本管理中可以更改基本信息、域名所有者信息、域名所有者实名认证以及 DNS 信息等。

●域名解析可以进行解析设置、域名状态显示、负载均衡以及解析日志等操作。

●在安全设置中可以添加域名安全锁,显示域名操作记录等操作。

域名管理中最为重要的是域名解析设置中的"设置网站解析",通过该设置为域名指定网站 Web 服务器的 IP 地址,这样域名解析服务系统才可以实现域名的正常解析。

图 7-3 进行域名管理

三、域名备案

网站备案是根据国家法律法规需要,网站的所有者向国家有关部门申请的备案,即将网站在工信部系统中进行登记,相当于给网站做实名认证。

域名备案实际上是指网站备案,当域名需要指向一个网站时就必须先进行备案。网站备案的目的就是为了防止在网上从事非法的网站经营活动,打击不良互联网信息的传播,如果网站不备案的话,很有可能被查处甚至关停。注意对于 cn 顶级域名下的域名,域名备案是强制性的。

非经营性网站备案(Internet Content Provider Registration Record),指中华人民共和国境内信息服务互联网站所需进行的备案登记作业。2005 年 2 月 8 日,中华人民共和国信

息产业部通过《非经营性互联网信息服务备案管理办法》,并于3月20日正式实施。该办法要求从事非经营性互联网信息服务的网站进行备案登记,否则将予以关站、罚款等处理。为配合这一需要,信息产业部建立了统一的备案工作网站,接受符合办法规定的网站负责人的备案登记。网站开发完成后,必须进行网站备案才能正式开通。

域名注册机构通常可以代理进行域名备案,提交相关资料给各地方管理部门审核。其流程如图7-4中所示。

根据Web服务器IP地址所在区域的不同,各省管局备案规则会有一些差别,所需要资料也会有所区别。对于个人类型的域名需要的资料主要是个人证件扫描图片或者照片,如身份证、护照等;对于企业备案的主要资料是企业证件以及负责人的证件扫描图片或者照片,如营业执照、组织机构代码证等。

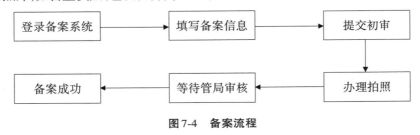

图7-4　备案流程

备案成功的网站会得到管理机构颁发的备案号,将该备案号放置于网站页面指定位置即可。

第二节　虚拟主机与空间租用

域名注册完成后拥有了网站的域名,网站域名需要指向具有全球可以访问IP地址的Web服务器。如第一章第二节所述,Web服务器有专线接入、主机托管、空间租用等方式。其中空间租用形式是多个网站共享一台服务器的CPU、内存、网络、磁盘空间等,不需要安装与配置自己的Web服务器软件、数据库服务器软件等,是一种最为便捷的建立网站方式,费用也最低,甚至有免费的空间租用产品。其他方式都需要建立Web服务器软件、数据库软件等,在第一章第三节中我们讲述了如何快速建立一个Web开发环境,需要注意的是在生产环境中,我们不能使用这样的环境,需要进行相应配置以提高安全性,或者选用其他的Web服务器、数据库服务器产品,比较复杂,需要专业人员完成。因此本小节我们只讲述如何租用空间快速完成建站。

在选择空间租用产品之前,需要先确定以下问题:

开发网站的服务器端脚本语言类型和数据库类型,是选择空间租用产品前要重点考虑的问题。不同的脚本语言和数据库产品要不同软件和操作系统支持。服务器端脚本语言主要有 PHP、ASP、.NET 等类型,前者可以运行在 Windows 操作系统或者 Linux 操作系统上,后两者只能运行在 Windows 操作系统上;数据库产品主要有 MySQL、SQL Server、Access 等类型,前者可以运行在 Windows 操作系统或者 Linux 操作系统上,而后两者只能运行在 Windows 操作系统上。

网站网页空间需要大小。根据网站规模和提供内容的类型不同,网站占用的磁盘空间大小也会有所区别。选用产品的空间大小应当比当前网站空间所占空间大小要稍大一些,因为随着系统更新有更多的文件需要添加到网站中,占用的空间也会越来越大。

服务器资源(CPU、内存)要求。网站对服务器资源需求主要来自于网站服务器端脚本和数据库,复杂的脚本程序以及频繁大规模的数据库操作需要大量的服务器资源,如果资源不够则打开页面速度会变慢,甚至出错。

带宽与网站流量。带宽即服务器接入互联网的网络速度,由于虚拟服务器是多个网站共享带宽,一个网站对网络带宽的占用会影响到其他网站。因此共享形式的虚拟服务器只适合于对网络速度要求不太高的网站。网站流量是网站在一定时间内(通常是一个月内)网络数据传输的总字节数。不同虚拟主机产品会对流量有所限制,超出最大流量需要支付额外的费用。

可以根据以上要求选择合适的虚拟空间产品。例如万网提供了空间租用服务,打开首页选择"产品"→"域名与网站"→"云虚拟主机"即可开始选择相关产品。选择产品并支付订单后,可以在其提供的管理后台中得到虚拟主机的 IP 地址、FTP 用户名密码、数据库用户名与密码等信息,有了这些信息就可以开始进行下一步的网站文件上传和数据库导入等操作了。

第三节　网站发布

配置好了域名且获得了网站空间后,接下来就可以开始网站发布了,即把网站发布到服务器上并让互联网上用户可以直接访问。无论是何种服务器接入方式,我们都需要将开发环境中的网站文件上传到生产环境服务器上,如果有数据库和其他软件,也要将相应数据由本地导出然后导入到远程服务器上。

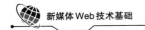

一、网站文件上传

当前Web数据上传通常采用WebDAV[①]或FTP协议,具体方式由远程服务器配置而定,例如进行空间租用时会告知用户是以何种形式上传。当前主流上传方式是FTP协议,FTP可以用给定的用户名和密码把文件上传至Web服务器的网站目录下。

进行FTP文件传输需要安装FTP客户端软件,例如FileZilla[②]是一个非常流行的FTP客户端软件。

1.安装FTP客户端软件。访问FileZilla软件官方网站,下载客户端软件并完成安装。

2.新建FTP站点。启动FileZilla软件,新建站点:点击"文件"→"站点管理"→"新站点",弹出站点管理器对话框。单击"新站点",在右侧输入主机(即Web服务器IP地址)、登录类型(通常选"正常")、用户名、密码等信息,如图7-5所示。

3.网页文件上传。输入完毕账号信息后,点击"连接"即可连接至主机目录,此时界面分为以下部分:上部为工具栏和消息日志;左边为本地区域,即本地硬盘;右边为远程区域即远端服务器;下部为传输队列,从此区域可以看到队列窗口,可以查看文件传输进度。分别在本地和远程区域中选择本地和远程Web服务目录,然后将选中的要上传文件夹上传到远程即可。

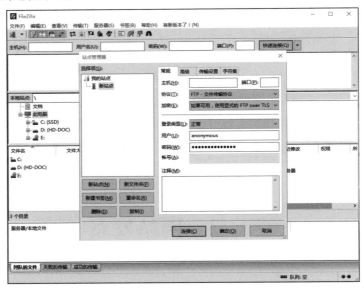

图7-5　新建FTP站点

---

① WebDAV(Web-based Distributed Authoring and Versioning)一种基于HTTP 1.1协议的通信协议。它扩展了HTTP 1.1,在GET、POST、HEAD等几个HTTP标准方法以外添加了一些新的方法,使应用程序可对Web Server直接读写,并支持写文件锁定(Locking)及解锁(Unlock),还可以支持文件的版本控制。

② FileZilla官方网站地址为https://filezilla-project.org/。

网站初次上传完毕后,在将来维护与更新时通常只会更改少数文件,此时不需要再次上传整个网站根目录,可以有选择地上传更改后的文件到远程相应目录中,以节约时间、减少出错。

有一些网页制作与开发IDE(Integrated Development Environment,集成开发环境)集成了文件上传功能,且可以自动比较本地与远程文件并完成本地与远程文件同步。

二、数据库导出与导入

如果网站用到了数据库,我们还需要将本地数据库导出,然后导入到远程数据库服务器中。不同的数据库产品导入与导出方式会有所区别。如果是文件数据库,如Access数据库或者SQLite数据库,只需要将本地文件上传即可。如果是Miscrosoft SQL Server数据库,可以利用其管理工具提供的导出数据和导入数据功能来完成,具体方法可以查看Microsoft SQL Server的相关文档。MySQL Server也提供了导出与导入命令来实现数据库的导出与导入。我们也可以用phpMyAdmin来实现MySQL的数据导出与导入,此方法更为简单与便捷,较为常用。

1.数据库导出。在第一章第三节中我们搭建了本地开发环境,开发完毕后其数据导出可以采用phpMyAdmin来完成。首先启动XAMPP,在浏览器中输入"htttp://localhost"并点击"phpMyAdmin"打开数据库管理界面。选中要导出的数据库,并点击右上角"导出"链接,出现如图7-6所示的数据库导出界面。然后单击"执行"按钮导出数据库,我们会得到一个SQL文件,该文件中包含了数据库中的数据。

图7-6 导出MySQL数据库

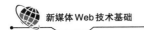

2.数据库导入。导出数据库文件后即可在远程服务器上通过远程命令或者通过phpMyAdmin将该文件导入到数据库中。如果远程服务器没有phpMyAdmin[1],则需要自己安装,可以参考其官方网站相关文档。安装完毕后访问远程服务器的phpMyAdmin地址,并用第四章第四节中的方法建立一个空数据库。选中该数据库并点击右侧"导入"链接出现数据导入界面,如图7-7所示。点击"浏览"按钮选择本地导出的SQL文件,然后点击底部的"执行"按钮完成数据导入。

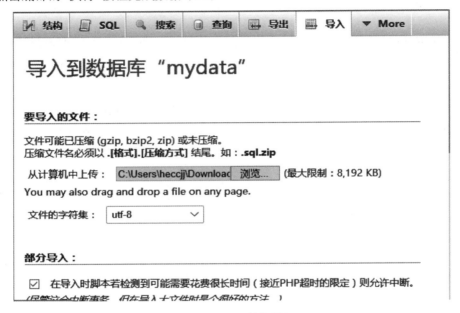

图7-7   MySQL数据导入

📍 知识目标

本章讲述了网站设计与制作完毕,发布到互联网上后还要完成的一些工作,包括域名申请与备案、虚拟主机与空间租用等。

为便于用户记忆以及其他一些原因网站需要申请域名才可运行,域名需要通过域名服务提供商来申请得到。在域名服务提供商官方网站查询可用域名,然后提交申请并支付费用后即可拥有该域名。通过域名服务提供商提供的管理后台可以设置该域名指向的服务器IP地址。要使网站能正常运行,还需要在相关管理机构完成域名备案。

---

[1] phpMyAdmin 官方网站地址为 http://www.phpmyadmin.net/。

域名备案需要提供拥有者的实名信息,并通过管理机构审核。

网站运行需要Web服务器提供服务,Web服务器可以通过虚拟主机或者空间租用等形式进行,大型网站则通过自己搭建服务器实现。有了Web服务器,通过Web服务器提供的数据上传方式上传网站文件,并导入数据库内容,即可完成网站发布。

复习思考题

1.什么是DNS,其功能是什么?

2.进行域名申请注册的基本步骤是什么?

3.什么是域名备案,为什么要进行域名备案?

4.Web服务器接入互联网的方法主要有哪些?

5.网站发布主要包括哪些内容?

6.你有希望拥有的域名吗? 试着申请并拥有。

第八章　网站流量分析

知识目标

☆ 掌握流量分析的概念以及流量分析的主要作用。

☆ 掌握流量分析的主要数据来源以及流量分析的主要指标。

☆ 进行流量分析的主要方法有通过日志进行分析和通过第三方日志分析系统进行分析。

能力目标

1.掌握如何利用第三方流量分析系统进行流量分析。

2.掌握如何通过Web日志文件进行流量分析。

思维导图

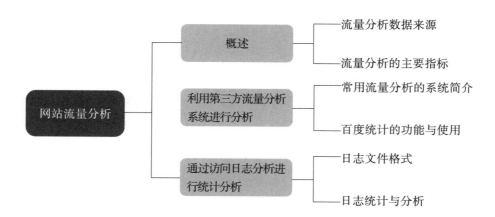

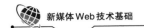

第一节　概述

网站运行起来之后,为了了解网站运行情况、发现网站存在的不足,对网络服务器的访问情况等进行详细分析就显得十分重要。不仅要关注服务器每天的吞吐量,还要了解网站各页面的访问情况,跟踪商业交易等。

进行流量分析就是指通过网站访问日志或其他第三方工具获得网站访问基本数据,对网站访问各种指标进行统计、分析,以了解网站当前访问效果、用户行为等,以便对网站进行评估,为网站升级、改版等提供决策依据。

网站流量分析是改进网站服务的重要手段之一,通过获取用户在网站的行为,可以分析出哪些内容受到欢迎,哪些页面存在问题,从而使网站改进活动更具有针对性。

对网络广告发布商来说,他们希望看到他们的广告发布之后的用户单击和浏览情况,以便进行广告效果评估,或者用点击量进行广告计费等。

总之,网络数据流量分析无论是对网站的管理者、网站广告客户来说都是非常重要的。

一、流量分析数据来源

要进行网络流量分析,首先要获取用于流量分析的基础数据。获取用于网站流量分析的方法主要有以下两种:

第一种方法是直接分析Web服务器的访问日志数据。Web服务器在每次用户访问时都会记录下这次访问的详细信息,例如IP地址、访问时间、URL地址、文件大小、访问是否成功等基本信息,以及浏览器版本、用户操作系统访问客户端详细信息,甚至包括用户来源URL地址(即从何URL地址上链接到本次访问URL地址)。对访问日志数据进行分析是最为可靠的方法,可以获取最为丰富的分析数据,可以按需要进行各种类型的统计。但日志文件非常大,特别是访问量非常大的网站,每天的日志达到数GB,为了保证Web服务器的正常运行,这些数据需要定期进行压缩、存档。因此采用这种方式进行流量分析需要对海量数据进行处理,对系统资源占用较高,比较耗时,可以借用专业的流量分析软件来完成。

Web服务器创建访问日志数据过程如图8-1所示:

①客户浏览器向Web服务器发起请求。

②Web服务器处理客户端请求,例如获取相应资源并返回给浏览器,创建相应页面

内容,未获取到相应资源返回错误页面等。

③Web服务器根据处理结果创建相应的访问日志。

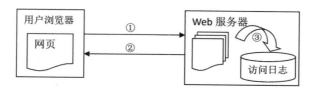

图8-1 Web服务器访问日志

另外一种方法是利用第三方流量分析系统进行流量分析。首先在需要记录日志的网页中插入第三方专业流量分析工具的JavaScript代码,当用户访问包含有这些JavaScript代码的网页时,会执行这些脚本程序,并向第三方流量分析系统发送网页访问信息。然后利用这些分析系统提供的分析界面进行数据分析。可以看到这种方式不需要Web服务器记录访问日志,用户访问时直接发送并记录到第三方流量分析系统中,减少了日志存储以及运行分析软件对Web服务器上海量日志的分析,速度更快。同时这些专业流量分析系统也提供了非常丰富的统计结果。

通过第三方流量统计系统进行日志分析过程如图8-2所示:

①客户浏览器向Web服务器发起请求。

②Web服务器处理客户端请求,获取相应资源并返回给浏览器。

③浏览器显示页面并执行其中的日志记录JavaScript脚本代码。

④该脚本代码会将相关记录信息发送到第三方流量分析系统,系统会记录下这些信息。然后通过该系统提供的分析工具进行分析。

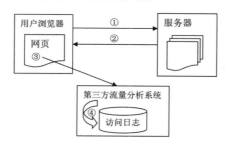

图8-2 通过第三方分析系统进行分析

以上两种方法各有利弊,采用第一种方法可以方便地获得详细的网站统计信息,并且除了访问统计软件的费用之外无需其他直接费用。但由于这些资料在自己的服务器上,因此在向第三方提供有关数据时缺乏说服力;第二种方法则正好具有这种优势,但通常要为这种服务付费。虽然也有一些免费网站流量统计服务,但在功能方面会有一定的限制,或者通常需要在网站上出现服务商的标识甚至广告。

　　除了以上两种获取访问数据的基本方法外,还可以采用一些其他途径获取相关数据,用于辅助分析。

　　例如采用调查问卷的方法,通过调查问卷和深度访谈,也可以获取用户行为习惯的偏好等方面的信息。这一方法实施起来比较耗时,技术含量相对较低,所获得的数据是否有效取决于调查者的诚实度。

　　用户注册信息和 Cookie 文件也是网络数据流量分析的重要数据来源。用户注册信息是指用户在网页中输入的,提交给服务器的相关信息。它具有具体、客观的特点,在网络数据流量分析中,用户注册信息可以和访问日志结合起来,以提高数据挖掘的准确度,从而进一步了解用户的特点。Cookie 是当用户访问网站中的某些网页时存在本机上的一些信息。Cookie 也可存储个人密码、ID 以及用户偏好等信息,这样远程服务器可以为用户提供个性化服务。通过收集大量用户的 Cookie 数据即可以进行用户行为分析。但由于 Cookie 涉及隐私问题,用户有权在浏览器上关闭 Cookie 功能,因此 Cookie 数据的获取有一定的技术和非技术上的困难。

二、流量分析的主要指标

　　在进行流量统计时,首先需要对网站的访问者或者用户进行定义。所谓访问者(Visitor)就是一个与网站有交互操作的人。对访问者的识别通常采用 IP 地址来实现,不同的 IP 地址即认为是不同的访问者。但因为各种原因客户端设备存在共享 IP 地址的情况,例如单位某个部门的多个用户可以共享一个 IP 地址访问某网站①,该网站无法对 IP 地址进行区分,会在日志中记录下同一 IP 地址的多次访问记录,而无法精确区分 IP 地址内部的多位访问者。为了弥补不足之处,可以让服务器增加对代理服务器的识别、用对 Cookie 识别的方法来精确识别用户。当来访的 IP 地址相同的时候,通过识别特殊的代理服务器信息以及不同的 Cookie 信息表明是来自不同的访问者。这需要在服务器端加入相应的日志记录扩展程序,在日志记录中增加相应信息,以便在分析时对用户进行精确识别。

　　网站流量分析指标主要包括网站访问量指标、用户行为特征指标以及客户端特征指标等三类。

---

① 搭建代理服务器即可实现这一功能,代理服务器对内分别将数据分发给内网的不同用户,对外数据发送共享一个 IP 地址。

（一）网站访问量指标

在一定统计周期内统计出的数量指标,用于衡量网站的受欢迎程度,根据统计对象的不同,包含了以下具体指标。

（1）访问数（Visit）

在讲解访问数之前,我们先来看一个概念——会话,用户会话是指具有唯一访问者标识的访问者进入或者再次进入网站的过程。目前被业界普遍接受的会话的度量方法是:用户访问网站,如果其间中断不超过30分钟[①],则用户在该网站上的活动被定义为一次会话,如果超出30分钟,则会被计入下一次会话。

访问数即是在一定周期内用户访问网站的会话数。访问数也称用户会话数（User Session）、用户进出数。不同用户在同一时刻访问会增加会话数,同一用户在一定时间访问时也会增加会话数。访问数表明了网站的使用频率,每次访问包含了用户的多个操作。

（2）唯一访问者数（UV,Unique Visitor）

唯一访问者是指在一特定时间周期内第一次进入网站,具有唯一访问者标识（唯一地址）的访问者数。该周期可以是一天,也可以是一天一个星期或者一个月等。在该周期内,只记录第一次进入网站的具有唯一访问者标识的访问者,在同一周期内再次访问该网站时则不计数。唯一访问者也称独立访问者、独立访客、独立用户、唯一用户等。唯一访问者只考察某周期内的不同访问者数量,而没有反映出网站的全面活动。

（3）页面阅览数（PV,Page View）

一次页面阅览就是一次页面下载,访问者成功阅览到页面,即在他的浏览器上完整地看到该页面。通常页面阅览数是HTML、PHP、ASP等类型的文件,并不包括图像、JavaScript文件、样式表文件等。

页读数、页面查看、阅览（View）、页面印象（Page Impression）、页面请求（Page Request）和页面阅览是同一术语。用户每次访问网页中的每个页面则会被统计一次,如果用户对同一页面多次访问,其访问量也会累计增加。

需要注意的是,为了提高速度代理服务器通常会建立缓存（Cache）,内网用户在一定时间内访问某页面时,代理服务器直接从本地缓存中返回页面,而不是向远程服务器发送请求。另外浏览器本身也有缓存机制,在一定时间内刷新页面时会从本机读取,而并不会向服务器发送请求。正是因为这两种缓存的存在,让日志文件中统计出来的数据与实际页面阅读次数的数据会不一致。

[①] Google等对流量统计时,采用的会话时间是30分钟,而CNNIC制定的标准是20分钟,当访问者在20分钟以上没有活动时,下一次访问会被计入新会话。

（4）点击（Click）与点击率（Click Rate）

一次点击是指访问者的鼠标在一个超文本链接上的一次单击，目的是为了沿着它的链接获得更多访问者感兴趣的信息。点击通常被用于网络广告的统计。

点击率（Click Rate 或者 Click Through Rate，CTR）是点击链接占该页面中链接的比例。其计算公司为点击率=链接被点击的次数/链接被曝光的次数。点击率一般用在横幅广告（Banner）上，此时点击率=点击数/页面请求数。

点击率有多方面的价值，在网络广告中，它是广告有效性的表现，它表示访问者已到达广告客户的网站。

（5）请求数（Request）

请求数是指为了获得服务器上的一个资源（可以是文本、图像或任何可以被包含在页面中的元素），浏览器和服务器之间进行的一次单一链接。日志文件中的一条记录就是一个请求，通过对这些记录的统计即可获得请求数。命中（Hit）和请求是同一术语。

图8-3　在浏览器中查看请求

请求数与页面请求的含义是不同的，一个页面请求中可以包含多个请求。如图 8-3 中所示为打开新浪首页的请求情况[①]，可以看到第一行记录为页面请求，其类型为 document。该页面请求中同时打开了200多个请求，有的是图片、有的是样式表、有的是 JavaScript 程序，这些请求与页面请求结果形成完整页面内容。

① 在 Edge 浏览器中按 F12 打开"开发人员工具"，然后选择"网络"即可看到。

（二）用户行为特征指标

该类指标体现用户行为,如用户来源网站、用户所使用的搜索引擎及其关键词、在不同时段的访问量等;是为了分析客户访问网站的地域、时间、关键词、搜索引擎以及操作系统等,有了这些数据就可以为以后决策做准备。

（1）用户入站路径

用户入站路径是指用户通过哪个地址（URL）进入该网站,反映访问者的来源。通常来自其他网站的链接或者搜索引擎。如果来自搜索引擎,那么大多数提交的地址里还包含了搜索关键词等信息,也就是说我们可以分析出用户是搜索了什么关键字而访问到该网站的。分析访问者使用的关键词对于网站创建和搜索引擎优化是非常重要的。

（2）直接访问页

有时用户可能并不会通过其他页面链接或者搜索引擎进入该网站,而是直接到达该网站,通常有以下方式:

- 直接在浏览器地址栏中输入 URL 地址。
- 在浏览器收藏栏中直接选中一个 URL 地址。
- 在其他应用程序中链接而来,例如点击 PDF 文件中的链接地址,或者 Word 文件中的链接地址开始的浏览行为。

（3）用户入站/出站页面（Entry/Exit Page）

用户入站页是用户访问该网站的第一个页面,用户出站页是用户退出网站的最后一个页面。如果知道通常通过哪些页面进入网站,可以对这些页面进行优化设计,并对其进行优先维护。

（4）用户会话时长（User Session Length）

用户每次访问的时长即每次访问（会话）停留的时间,即第一次请求到最后一次请求之间的时间间隔。当用户非常多时,每个用户的会话时长差别非常大,可以用平均用户会话时长来表示。

用户会话时长可以得出许多有价值的结论,如果时间太短,则表示网站页面的吸引力不够,或者下载速度太慢用户无法接受长时间等待,需要进行改进。

（三）客户端特征指标

反映客户端特征的一些指标,如用户上网设备类型、用户浏览器的名称和版本、访问者电脑分辨率、显示模式等。有了这些数据,就可以掌握用户设备构成,以便在页面设计、系统架构等方面进行调整以适应用户需求。

（1）浏览器信息

用于阅览网站的客户端程序,通常指桌面计算机使用的浏览器程序,如 Internet Explorer、Chrome、Firefox 等。随着移动设备的广泛普及,手机、平板电脑上的浏览器也成为一个重要方面。

可以从日志文件中获取浏览器类型信息,这有助于我们在设计与制作网站时更有针对性地进行优化与调整。不同的浏览器对一个网页有兼容性问题,应该考虑到主流的浏览器并保证其正常显示与运行。

（2）用户域名和主机

通过日志文件中的记录可以得到用户域名和主机名。注意,并不是所有连入互联网络的计算机都有主机名和域名,此时被记录的仍然是 IP 地址。对于没有主机名和域名的计算机,可被反向解析 IP 地址的远程计算机记录下其主机名和域名,但是在记录日志文件时进行 IP 地址的反向解析将增大服务器的负荷,尤其是访问量很大的网站。可以在分析日志文件时再进行 IP 地址的反向解析,当然这也将减慢分析的速度。

（3）浏览器运行的操作系统

通过分析浏览器字符串中的信息来获得操作系统的信息。为网站或者其他软、硬件供应商提供有价值的信息。

第二节　利用第三方流量分析系统进行分析

一、常用流量分析系统简介

第三方流量分析系统主要有 CNZZ[①]、百度统计[②]、Google Analytics[③]等。

CNZZ 是由国际著名风险投资商 IDG 投资的网络技术服务公司,是中国互联网目前最有影响力的网站首页的免费流量统计技术服务提供商,专注于为互联网各类站点提供专业、权威、独立的第三方数据统计分析。

百度统计是百度推出的一款免费的专业网站流量分析工具,能够告诉用户访客是如何找到并浏览用户的网站的,在网站上做了些什么,有了这些信息,可以帮助用户改

---

① CNZZ 官方网站地址为 http://www.cnzz.com/。

② 百度统计官方网站地址为 http://tongji.baidu.com/。

③ Google Analytics 官方网站地址为 http://www.google.com/analytics。

善访客在用户的网站上的使用体验,不断提升网站的投资回报率。百度统计提供了几十种图形化报告,全程跟踪访客的行为路径。同时,百度统计集成百度推广数据,帮助用户及时了解百度推广效果并优化推广方案。

Google Analytics(Google 分析)是 Google 的一款免费的网站分析服务,自其诞生以来,即广受好评。Google Analytics 功能非常强大,只要在网站的页面上加入一段代码,就可以提供的丰富详尽的图表式报告。

利用第三方流量分析系统进行分析的基本步骤是:

●注册账号。在流量分析系统网站注册账号,并登记自己要统计的网站地址,这样我们会得到一段用于收集日志信息的 JavaScript 代码。

●收集日志信息的代码添加到需要统计的页面中。当用户浏览包含有这些代码的网页时,会自动向第三方统计系统发送日志信息,系统会记录下这些日志信息。

●登录到第三方流量分析系统中查看网站的统计结果,得到各种报表。

下面我们以百度统计为例讲解如何使用第三方流量分析系统进行流量分析。

二、百度统计的功能与使用

百度统计是百度推出的一款免费的专业网站流量分析工具,能够告诉用户访客是如何找到并浏览网站,在网站上做了些什么等,有了这些信息,可以帮助用户改善访客在用户的网站上的使用体验,不断提升网站的投资回报率。

百度统计提供了几十种图形化报告,全程跟踪访客的行为路径。同时,百度统计集成百度推广数据,帮助用户及时了解百度推广效果并优化推广方案。

(一)注册用户

首先,访问百度统计官方网站:http://tongji.baidu.com/,并点击右上角"注册"按钮,并选择"注册百度统计站长版",进入用户注册界面,如图 8-4 所示。在其中按要求输入用户、密码、邮箱等信息,特别要注意的是"网站"后面的内容即为要进行日志分析的网站地址,如果是对整个网站进行统计,则填写其域名。如果只对某个栏目进行统计可以跟上子目录。

填写完毕点击"同意以下协议并注册"完成用户注册。

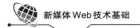

图8-4　注册百度统计用户

(二)获取代码与安装

用户注册成功后,就可以用该用户名登录到百度统计系统中。在登录后的界面中单击"网站中心",然后将鼠标移动到要获取代码的域名后,出现该域名的各种操作,如图 8-5 所示。单击"获取代码",在得到的页面中给出了统计代码,并且有如何使用的说明。本例中,我们获取该网站的百度统计代码如下:

```
<script>
var _hmt = _hmt || [ ];
(function() {
  var hm = document.createElement("script");
  hm.src = "//hm.baidu.com/hm.js? f061db8dc3eecba24e2ed3c7cf1b9ebc";
  var s = document.getElementsByTagName("script")[0];
  s.parentNode.insertBefore(hm, s);
})();
</script>
```

注意以上流量收集代码中的编号"f061db8dc3eecba24e2ed3c7cf1b9ebc"是用于区

分网站的编码,每个域名是唯一的。

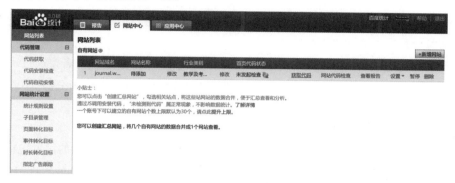

图 8-5　登录并获取代码

接下来要将这段流量收集代码加入到需要统计的页面中,如下:

```
......
    </style>
        <script>
        var _hmt = _hmt || [ ];
        (function( ) {
          var hm = document.createElement("script");
          hm.src = "//hm.baidu.com/hm.js? f061db8dc3eecba24e2ed3c7cf1b9ebc";
          var s = document.getElementsByTagName("script")[0];
          s.parentNode.insertBefore(hm, s);
        })();
        </script>
    </head>
    <body>
......
```

将该段代码放置在"</head>"之前即可。通常我们在制作网站时为了便于维护,会采用模板的方法:将多个页面中相同的部分拆分成独立文件,然后在模板文件中将这些部分组合起来。这样需要修改多个页面时,只需要修改模板文件中的相应部分就可以了。因此,对于采用了模板方法的网站,只需要将上面的代码加到某个拆分后的文件中,这样每个页面中都具有了这段流量收集代码。

283

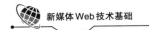

添加完毕可以点击左侧"代码安装检查"菜单来检查是否安装成功,如果显示"代码安装正确",则表示流量收集代码安装成功,客户端每次访问网站页面都会运行这段代码并向流量分析系统发送流量数据。

安装完流量代码后还不能立即得到流量分析报告,流量分析系统需要通过一定时间的数据收集后才可以得到分析报告,在百度统计中这一时间大约是20分钟。

(三)统计系统设置

为了更好地统计各类数据,还需要对系统进行各类设置。一些重要的设置包括:

指定广告跟踪。可以通过设置"指定广告跟踪"获取其他媒介营销的数据,这对于跟踪广告效果非常重要,也可以此作为广告费用支付依据。在百度统计的"设置"页面的"指定广告跟踪管理"项与百度统计页面的"指定广告跟踪"项中均可进行设置。填写需要跟踪的媒介相关信息,包括目标URL、来源名称、媒介名称、计划名称、关键词和创意等信息,百度统计会根据填写的信息生成一个URL,将此URL作为推广的URL后,如果访客点击此URL,百度统计便会按照填写的信息将本次访问进行归类并显示在"指定广告跟踪"报告中。

统计规则设置。在该设置中可以将一些不需要的干扰数据排除在外,例如一些由机器访问产生的垃圾流量。可以通过添加IP地址、来源网站域名、受访网站域名等方式来排除各种形式的垃圾流量。

转化设置。在统计中把一系列的页面访问或者某个页面的一系列点击动作转化为一个目标,例如用户注册、登录、下单、购买、评价的一系列动作,这对于分析具体的用户行为与动作是非常有效的。百度统计中的转化目标分为两类,页面目标和事件目标。页面目标是指某些目标页面。事件目标是相对页面目标而言的,指网页内部的某些可以点击的元素,比如链接、按钮等。

除此之外,还可以进行系统用户权限以及其他一些功能设置。

(四)分析报告

安装好数据收集脚本代码,并经过一段时间数据积累后,即可以使用流量分析系统进行各种数据分析了。根据要统计数据类型不同,有的数据需要积累至少一天、两天、一个星期、一个月才会有意义。

登录到百度统计[①]即可进入百度统计报告页面,如图 8-6 所示为"网站概况"报告,对

[①] 访问 URL 地址 http://tongji.baidu.com/,在页面中点击登录,并输入前面注册的账号的密码即可。

各重要的类统计数据进行了整体展示。例如近两天的浏览量(PV)、访客数(UV)、IP 数等,并对这些数据进行图表展示。此外还列出了重要的"来源网站""搜索词""入口页面""受访页面"等,对各类统计数据有了一个概貌。可以通过各类具体分析工具对访问流量进行更详细了解。

除了"网站概况"外,百度统计报告中还包括了以下主要分析类别:

趋势分析。流量分析模块包含流量趋势、流量地域、访客忠诚度等报告,能告诉您谁来过您的网站,他们分别来自什么地域,以及这些访客是否足够关注此网站,等等。趋势分析中包含了"实时访客""今日统计""昨日统计"以及"最近 30 天"的流量情况等。在"实时"访客中可以实时观察当前网站的流量变化,

来源分析。流量来源模块包含全部来源、搜索引擎、搜索词、外部链接等报告,能知道是通过哪些关键词找到该网站的,从而推断哪些关键词还需要进一步优化,哪种媒介推广方式更有效,哪种推广方式需要改善等。来源分析如图 8-7 所示。

页面分析。受访页面报告提供了访客对您网站内各个页面的访问情况数据。通过这个报告,可以获得以下一些信息:访客进入网站后通常首要访问和次要访问的页面是哪些,这些页面是访客形成对网站第一印象的重要页面,对于访客是否继续关注网站以及最终是否选择产品或服务起着决定性的作用;访客进入您的网站后对哪些页面最关心或者最感兴趣;访客浏览各个页面的停留时间一般是多久;访客经常会在哪些页面离开网站。

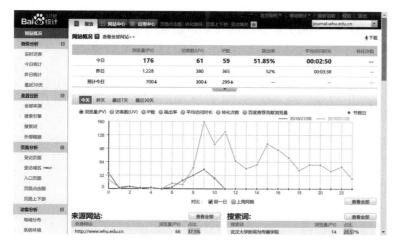

图 8-6　百度统计网站概况

285

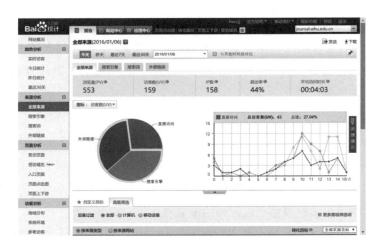

图 8-7　来源分析

访客分析。主要是分析访客的特征,如地域分布、使用的软硬件平台以及忠诚度等。百度统计根据访客的IP地址和IP地址地域划分表来判断访客所属地域。访客忠诚度报告反映了访客对您的网站的喜欢程度。访问忠诚度是通过用户访问页数、访问深度、访问时长、访问频次等统计得到的。通常,访客忠诚度可能受以下一些因素影响:网站内容、网站结构、推广介绍信息与实际网站内容的一致性等。

定制分析。定制分析中可以对"指定广告跟踪""事件跟踪"等定制化设置进行分析。

第三节　通过访问日志文件进行统计分析

Web服务器的访问日志文件提供了有关访问量指标的数据。访问日志的可以客观、全面、真实地反映网站的访问情况。访问日志文件是由Web服务器产生的,记录了用户每次访问该服务器的相关信息,也就是说当用户访问Web服务时其操作将被记录在一个日志文件(Log文件)中。Web日志记录了访问地址、时间、请求、文件大小、引用地址、浏览器等信息。

通过直接读取网站访问日志文件来进行统计分析,有以下优点:

●统计结果可靠度高。因为是直接读取日志文件,当然所有访问记录都是真实可靠的,得到的结果也最为准确。

●可以防止机密信息泄漏。日志文件由服务器记录,没有向第三方流量分析系统发送网站的任何信息,然后对这些数据的分析也是通过网站自己的分析工具进行的,因此不会造成关于访问情况的机密信息泄漏。

●可以进行网站访问错误统计、搜索引擎访问等一些特殊信息的统计。同样是由于基于Log日志的统计,所有的访问记录都有,因此可以进行各类特殊类型的数据统计。

一、日志文件格式

虽然日志通常记录的是来源IP地址、时间、URL地址、访问状态等基本信息,但不同的Web服务器日志文件格式会有细微差别,例如下面是一段Apache HTTPD默认格式日志和一段IIS(Internet Information Server,一款微软公司的Web服务器软件)默认格式日志。

Apache日志:

61.139.43.225 －－［10/May/2001：23：59：54 +0800］"GET /a.htm HTTP/1.1" 200 4083

IIS的日志:

08：34：06 159.226.3.206 GET /test/count/image/0.gif 304

可以看到二者虽然记录了差不多的信息,但格式差别还是非常大的。

Web服务器也可以根据需要定义自己的日志分析文件格式,以便获取特殊信息数据,也便于后期统计分析软件的统计。

表 8-1 中所示为 Apache 中的日志定义符号列表,利用这些符号可以定义自己的日志格式。例如 Apache 中的名为 combined 日志格式如下:

LogFormat "%h %l %u %t \"%r\" %>s %b \"%｛Referer｝i\" \"%｛User-Agent｝i\"" combined

表8-1　Apache中日志定义符号

符号	定义
%%	百分号。
%a	远端IP地址。
%A	本机IP地址。
%B	除HTTP头以外传送的字节数。
%b	以CLF格式显示的除HTTP头以外传送的字节数,也就是当没有字节传送时显示"－"而不是0。
%{Foobar}C	在请求中传送给服务端的cookie Foobar的内容。
%D	服务器处理本请求所用时间,以微为单位。

续表

符号	定义
%{FOOBAR}e	环境变量FOOBAR的值。
%f	文件名。
%h	远端主机。
%H	请求使用的协议。
%{Foobar}i	发送到服务器的请求头FOOBAR的内容。
%l	远端登录名(由identd而来,如果支持的话),除非IdentityCheck设为On,否则将得到一个"-"。
%m	请求的方法。
%p	服务器服务于该请求的标准端口。
%P	为本请求提供服务的子进程的PID。
%q	查询字符串(若存在则由一个"?"引导,否则返回空串)。
%r	请求的第一行。
%s	状态。对于内部重定向的请求,这个状态指的是原始请求的状态,%>s则指的是最后请求的状态。
%t	时间,用普通日志时间格式(标准英语格式)。
%{format}t	时间,用strftime(3)指定的格式表示的时间(默认情况下按本地化格式)。
%T	处理完请求所花时间,以秒为单位。
%u	远程用户名(根据验证信息而来;如果返回status(%s)为401,可能是假的)。
%U	请求的URL路径,不包含查询字符串。

以下即为用Apache Combined格式生成的日志记录片断:

```
……
    10.130.253.14 - - 〔05/Jan/2016: 23: 50: 09 +0800〕 "GET /en/images/carou-
sel_circle_normal.png HTTP/1.1" 304 0 "http://journal.whu.edu.cn/en/index.php" "Mozilla/
5.0 (Windows NT 6.1; WOW64) AppleWebKit/537.36 (KHTML, like Gecko) Chrome/
31.0.1650.63 Safari/537.36"
    10.130.253.14 - - 〔05/Jan/2016: 23: 50: 09 +0800〕 "GET /en/images/carou-
sel_circle_solid.png HTTP/1.1" 304 0 "http://journal.whu.edu.cn/en/index.php" "Mozilla/5.0
(Windows NT 6.1; WOW64) AppleWebKit/537.36 (KHTML, like Gecko) Chrome/
31.0.1650.63 Safari/537.36"
    10.130.253.14 - - 〔05/Jan/2016: 23: 50: 13 +0800〕 "GET /en/images/carou-
sel_circle_normal.png HTTP/1.1" 304 0 "http://journal.whu.edu.cn/en/index.php" "Mozilla/
5.0 (Windows NT 6.1; WOW64) AppleWebKit/537.36 (KHTML, like Gecko) Chrome/
```

31.0.1650.63 Safari/537.36"

......

二、日志统计与分析

对日志文件进行分析需要使用日志分析软件来完成。

为了远程浏览日志分析结果,通常将日志分析软件配置为Web应用,通过浏览器即可远程查看日志结果。另外,由于访问日志数量巨大、更新频繁,对日志的分析处理需要由程序自动批处理完成。将日志分析与处理的命令写在一个批处理脚本程序中,再利用操作系统的自动运行功能在指定时间执行这些命令即可。在Windows系统中提供了"计划任务"功能,可以完成程序的自动运行,在Linux系统中有Cron功能可以同样实现这一操作。

图8-8为XAMPP中包含的默认流量分析软件Webalizer的分析结果,按照第一章第三节中讲述的方法完成XAMPP的安装与配置后,运行并访问XAMPP,点击左下角的Webalizer链接即可看到该页面。Webalizer功能比较简单,只能查看一些简单的统计结果。

Advanced Web Statistics[①](Awstats)是一个免费的功能强大的服务器日志分析工具,它可以得到多种Web统计数据,包括访问量、访问者数量、页面、点击、高峰时段、操作系统、浏览器版本、搜索引擎、关键字、无效连接等。可以工作在大多数服务器上(包括IIS、Apache、Tomcat等),可以从操作系统命令行直接运行,也可以CGI(Common Gateway Interface,公共网关接口)方式运行在Web服务器上。Awstats采用Perl语言编写,要运行该分析软件需要让系统支持Perl语言。

Awstats的具体安装与配置可以参考官方网站文档。图8-9中所示为Awstats流量分析软件的运行界面,可以按月或者年进行浏览。可以看到其中显示出了参观者(UV)、网页数(PV)、来源位置分布、来源网址、搜索关键等多种常用流量统计结果。

---

① Awstats官方网站地址为http://www.awstats.org。

289

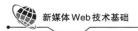

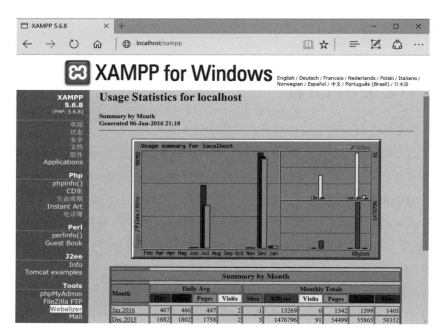

图 8-8　用 Webalizer 进行流量分析

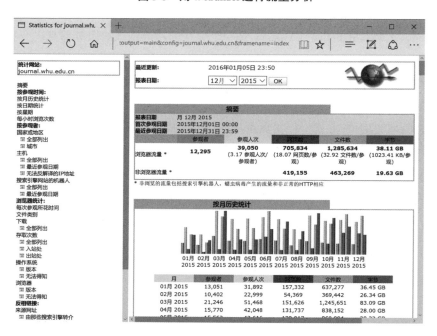

图 8-9　用 Awstats 进行流量分析

🎙 知识回顾

通过网站流量分析可以得到用户访问网站的情况,以便进行网站维护、业务调整等。

网站流量分析可以通过Web服务器的日志记录进行,也可以通过第三方流量分析系统进行。日志分析的主要指标有网站访问量指标、用户行为特征指标以及客户端特征指标等。网站访问量指标包括访问数、唯一访问者数、页面阅览数、点击率等,用户行为特征指标包括用户入站路径、直接访问页、用户入站/出站页面、用户会话时长等,客户端特征指标包括浏览器、用户域名和主机、浏览器运行的操作系统等。

用户每访问一次Web服务器,Web服务器都会生成一条日志记录。日志记录的格式可以通过Web服务器配置来设定。通过软件对这些日志进行分析即可得到流量信息。

第三方流量分析则是在网页中插入特殊的JavaScript代码,这些代码由在三方流量分析系统注册后可得到。当用户浏览这包含这些JavaScript代码时,第三方流量分析系统会记录下访问日志。然后通过其提供的分析软件得到流量信息。

💬 复习思考题

1. 为什么要进行流量分析?
2. 流量分析的主要指标有哪些?
3. 流量分析系统的工作原理是什么?
4. 常用的第三流量分析系统有哪些?
5. 如何利用日志文件进行流量分析?

参考文献

［1］Ben Frain，Responsive Web Design with HTML5 and CSS：Develop future-proof responsive websites using the latest HTML5 and CSS techniques［M］，Packt Publishing，2020.

［2］Anne Boehm，Zak Ruvalcaba，Murach′s HTML5 and CSS3，4th Edition［M］，Mike Murach & Associates，2018.

［3］Matthew MacDonal. HTML 5：the missing manual［M］. Oreilly，2013.

［4］Eric Tiggeler. Joomla！ 3 Beginner′s Guide［M］. Packt Publishing，2013.

［5］Internet protocol suite - Wikipedia，the free encyclopedia［J/OL］.［2022-02-20］，http：//en.wikipedia.org/wiki/Internet_protocol_suite.

［6］The birth of the web | CERN［J/OL］.［2022-02-10］，http：//home.web.cern.ch/topics/birth-web.

［7］W3C 词汇与字典.W3C Glossary and Dictionary（Chinese Translations）［J/OL］，［2022-04-10］.http：//www.certifiedchinesetranslation.com/openaccess/w3c-glossary-sc.html.

［8］霍春阳.Vue.js设计与实现［M］.北京：人民邮电出版社，2022.

［9］牟文斌.Django开发入门与项目实战［M］.北京：电子工业出版社，2021.

［10］杨旺功.Bootstrap 4 Web设计与开发实战［M］.北京：清华大学出版社，2020.

Robin Nixon，PHP、MySQL与JavaScript学习手册［M］.安道译.北京：中国电力出版社，2020.

［11］郝兴伟.Web技术导论［M］.北京：清华大学出版社出版，2018.

［12］杨占胜.Web技术基础［M］.北京：电子工业出版社，2016.

［13］李志义，等.网站信息组织优化——基于网络日志的用户行为分析［M］.北京：电子工业出版社，2015.

［14］韩京宇.Web技术教程［M］，北京：人民邮电出版社，2014.

［15］张艳旭.网站建设与维护［M］.北京：机械工业出版社，2014.

［16］武汉美斯坦福信息技术有限公司.使用DIV+CSS设计Web前端页面［M］.北京：

中国地质大学出版社,2014.

[17]CharlesWyke-Smith.CSS设计指南[M].李松峰译.北京:人民邮电出版社,2013.

[18]陶国荣.jQuery权威指南[M].北京:机械工业出版社,2013.

[19]明日科技.PHP从入门到精通[M].北京:清华大学出版社,2012.

[20]张殿明,徐涛.网站规划建设与管理维护[M].北京:清华大学出版社,2012.

[21]蔡大鹏,等.网站规划建设与管理维护[M].北京:人民邮电出版社,2012.

[22]阳西述.网页制作与网站设计[M].武汉:华中科技大学出版社,2011.

[23]Klaus F·rster,Bernd ·ggl.写给Web开发人员看的HTML5教程[M].姜雪荃,林星,孙亮译.北京:人民邮电出版社,2011.

[24]张孝祥,徐明华,等.JavaScript基础与案例开发详解[M].北京:清华大学出版社,2009.

[25]前沿科技.精通CSS+DIV网页样式与布局[M].北京:人民邮电出版社,2007.

后 记

　　Web作为互联网的主要应用,在今天发挥着越来越重要的作用。作为互联网时代的大学生,特别是与新媒体相关的专业学生,掌握基本的Web技术是非常必要的。Web相关技术涉及知识面较广,需要较强的计算机相关知识背景,这对于非理工科背景的相关专业学生是一个挑战。本书力图通过较为明晰的架构、浅显的表述方式以及大量的实例让读者建立起Web技术的整体知识脉络,更能进行实践操作实现具体功能,让非计算机、无Web技术背景的相关专业学生能拓宽Web技术知识结构。

　　Web相关技术发展日新月异,从基本的HTML语言到CSS样式表及其框架,从客户端动态脚本到服务器端Web开发语言及其繁多的框架,且每种技术还在不断升级。本书力求在讲述基础知识的过程中引入这些新技术、新标准,让读者获得的知识在短期内不被淘汰。但囿于篇幅和时间,本书对各种技术和方法的归纳总结还不够,一些新技术讲述还不够,例如对Web页的移动化技术应用等。另外,由于写作者水平有限,一些错误在所难免。

　　本书由何明贵、冯先成、刘莉等共同完成。第一章、第二章、第五章由何明贵编写;第三章、第四章由湖北水利水电职业技术学院刘莉完成编写;第六章、第七章、第八章由武汉工程大学冯先成编写。全稿由武汉大学何明贵统稿整理而成。

　　非常感谢西南大学出版社精心组织本丛书出版,非常感谢丛书主编周茂君教授的指导,在编写过程中给予了我们巨大鼓励和帮助,也非常感谢本书其他编委的通力合作。最后还感谢家人的支持,是你们的支持给予了我们更多的时间和精力,使此书得以完成。

何明贵

2022年3月